35の名著でたどる科学史

科学者はいかに世界を綴ったか

小山 慶太

Koyama Keita

丸善出版

まえがきに代えて
――私と科学史との出会い

まずは、本書の筆を執ろうと考えるに至った経緯を、私の個人的な体験を織りまぜながら、綴《つづ》らせていただこうと思う。

私は学部、大学院を通し、早稲田大学で物理学を専攻した。もう少し詳しく書くと物性理論という分野を選び、それに関するテーマで博士論文を書き上げた。その後、物理学科の助手に採用された。今から四〇年余り前のことである。

ここまではまあなんとか順調にアカデミック・キャリアを重ねてこられたものの、間もなく、「オーバードクター問題」という壁にぶつかってしまった。当時、特に基礎科学系の領域では、博士の学位を取得しても、大学の専任教員のポストは限られていたため、多くの博士が安定した研究職に就くことが難しかったのである。つまり、博士の人数と大学のポストの数の間で極端な不均衡が生じていた。

これに関し、今でもよく覚えていることがある。大学院に進学するときのガイダンスで、素粒子論の著名な教授が学生に「素粒子を製造している会社などないのであるから、私の研究室を選んでも将来、就職は難しい」という趣旨の話をした。要するに、つぶしはきかないぞという意味である。

それでも素粒子論は〝湯川・朝永効果〟の影響からか、物理学の花形であり、この分野の専攻を希望する学生は多かった。

結果、研鑽《けんさん》を積み、晴れて博士となっても、その先、研究を継続できる保証はなかったのである。ガイダンスにおける教授の一言は、学生にそうした厳しい実情を覚悟した上で、自分の進むべき道を決めてほしいというメッセージだったのであろう。

企業などの研究所に就職する選択をすれば話は別であったが、こうした状況は素粒子論に限らず、純粋物理学の分野ではおおむね似たようなものであった。

私も助手の任期を満了した後、物理学科の終身在職権《テニュア》を与えられたポスト（母校だけでなく他大学も含めて）を得るチャンスには残念ながら、恵まれなかった。やっと独り立ちし――実際にそうであったかどうか怪しいが、まあともかく――、本格的に研究者としての人生を踏み出そうとしていた矢先だけに、厳しい状況はわかっていたものの、将来の展望が開けぬ局面は相当に辛いものがあった。

こうして、今後の研究生活をどうしようかと思い悩んでいたとき、早稲田大学社会科学部で自然科学系の専任教員の公募が行われた。文系学部であるが工夫と努力を怠らなければ、独立して研究室を運営することは可能であろうと考え応募したところ、幸い採用されることとなった。このときの喜びというか安堵《あんど》感は今でもよく覚えている（ちなみに、このとき定員一名の枠に、博士の学位を有する人が一〇〇名近く応募したと後で聞かされ、あらためてオーバードクター問題の深刻さを身をもって痛感した。そうした中で採用された私はただただ運がよかったという他はない）。

さて、着任することになった学部から託された主要科目は自然科学概論という、かなり茫漠《ぼうばく》としたイメージのものであった。この講義は文系の学生を対象に、特定の分野に偏らず、自然科学全般にわたって知識を授け、理解を深めさせるという目的で設置されたようである。

しかし、その主旨の是非はともかく、ちょっと待てよと思った。今日、自然科学は専門化、細分化が極度に進み、その領域は多岐に及んでいる。したがって、まともに字面どおり受け取れば、教育、研究経験豊富な大家を連れてきても、こんな大風呂敷を広げたような講義は実際問題として難しかろう。いわんや若い新米においてをやである。

そういえば、夏目漱石の『坊っちゃん』にこういう場面がある。主人公の「坊っちゃん」は東京の物理学校を卒業すると、四国の中学校に数学の先生として赴任する。そのとき校長は「坊っちゃん」に向かって、生徒の模範となれ、教師の見本として仰がれるようになれ、徳を及ぼす教育者となれなど、どう考えても無理としか思えない訓示を垂れる。これに対し正直者の「坊っちゃん」は校長に、「到底あなたの仰《おつしや》る通りにゃ、出来ません」と答え、受け取ったばかりの辞令を返そうとするのである。

自然科学概論なる科目の担当を命じられた私も当初、「坊っちゃん」と似たような心境であった。「自然科学全般を講義する力など、私ごときにはとてもありません」と思ったからである。とはいえ、運よくやっと手にしたポストを手離すわけにはいかない。そこで、この科目をどのように組み立てていければよいかを考えたとき、科学の歴史を柱にしてその大きな流れをたどりながら話を進めていけば、文系の学生でも科学への関心を深めてくれるのではないかという構想が浮かんできた。

歴史学は一般に人文系の学問である。その対象が科学となれば、それは文理融合の学際性を備えているので、文系学部の科目として意味があると思われた。また、そこに現在、話題になっている科学のトピックス（今日の例でいえば重力波の観測、暗黒物質や暗黒エネルギー、iPS細胞、クローン技術、ニュートリノ振動、地球温暖化問題……）を織り込めば学生が時代感覚を養いながら、現代につながる科学の流れを大づかみできるのではと目論んだのである。

前置きが長くなったが、私が科学史という学問と向き合うようになったきっかけは、こうして物理学科の研究室を離れ、文系学部の教壇に立つことになるという環境の変化によるところが大きかった。


さて、そうなると、早速、科学の古典や科学史関連の文献を読み漁《あさ》らなければならなくなる。学部、大学院でこの分野の基礎を学んでいなかっただけに（早稲田大学理工学部でも大学院理工学研究科でも、この種の講座は設置されていなかった）、独学で科学史のにわか勉強を講義の準備と並行して始めた次第である。

今振り返ると、結構忙《せわ》しい思いで日々を過ごしていたようであるが、まだ三〇代前半という若さもあり、新しい分野に手を染めつつある昂揚《こうよう》を感じながら、多読に励む毎日はそれなりに楽しく、充実していた。そして、物理学に携わっていたときには気がつかなかった歴史の事実に気がついたときは、目から鱗が落ちるような興奮に駆られ、学問の面白さをあらためて感じたものである。

私は理工学部に進学したが、高校時代から歴史や文学が好きであった。こうした傾向は学部、大学院を通しても変わらず、いわゆる趣味としての読書ジャンルを問われれば、科学書よりもむしろ歴史ものや小説の方が多く、手にした書物の数はかなりのものに達していた。先ほど述べたように科学史に足を踏み入れる直接のきっかけは外的要因であったが、それが自分でも意外なほどすんなりと進められたのは、それまでの読書体験が間接的に後押しをしたからではないかと思っている。

ところで、物理学に限らず一般に科学の研究者になる場合、その教育過程において、古典（邦訳を含め）を読んだり、各専門分野における学説の変遷史などに通暁する必要は、まったくといってよいほどないといえる。

たとえば、ニュートン力学を勉強するとき、ニュートンが著した『プリンキピア』（『自然哲学の数学的原理』一六八七年）をわざわざ手にしなくても済む。相対性理論や量子力学にしてもしかりである。アインシュタインの論文「運動物体の電気力学について」（一九〇五年）やシュレディンガーの論文「固有値問題としての量子化」（一九二六年）を知らなくても済んでしまう。

なぜかというと、それぞれのテーマに関する標準化された教科書やよく整理された解説書がいくつも出版されており、大学での講義もそれに則って行われているからである。そこには原著が発表された以降の知見も組み込まれ、その内容がわかりやすく現代風にアレンジして説明されている。したがって、各分野の勉強だけを目的とするのであれば、教科書や解説書を読むだけで十分事が足り、効率もその方がはるかによいといえる。

ただし、そうであるだけに、一つ注意しなければならないことがある。それは現代の教科書や解説書にまとめられている内容とそのルーツとなる原書に書かれた内容には、本質的な違いがあることである。そして、その違いは時代を遡るほど大きくなる傾向がある。科学史を知らなくても物理や化学を修めるうえで特段の支障はなかろうが、そのまま過ぎてしまうと、この違いに気づかずに終わってしまう。

この点をよく表す端的な事例を一つ紹介しよう。二〇〇八年、私は『物理学史』（裳華房）という学部生レベルの知識で読める通史を物した。その中で一九世紀における電磁気学の確立について一章を割き、電磁誘導の発見などで知られるファラデーの実験について論じた。すると、ある物理学の教授から出版社を通し、「著者（私のこと）はファラデーの研究を取り上げていながら、その説明をするのに電子について触れていないではないか」という指摘を受けた。要するに、私が書いた本はおかしいというわけである。

このときは、さすがにこちらも驚いた。ファラデーが電磁気学の研究に傾注していたのは、一八三〇年代である。そして、彼は一八六七年、七五歳で亡くなっている。

一方、指摘を受けた電子がJ・J・トムソンにより、放電管の実験から発見されるのは一八九七年のことである。いかに天才といえども、自分が死んでから三〇年後に発見されることになる電子を知る由もない。

現代の教科書はファラデー以降に蓄積された多くの発見も織り込んで、ファラデーの業績を説明している。現代の常識に立って過去を見ているわけである。前述したように、その方がわかり易く、学習の効率がよいからである。しかし、ファラデーは電子の存在など知られていない時代の制約の中で、自分の発見を解釈していたのである。つまり、そこには自ずと違いが生じてくる。また、そうした違いに気づくことに科学史の面白さがあるといえる。

では、なぜ物理の専門家でも——もう少しはっきりいえば、専門家であるがために——抱くような誤解が生じてしまうのであろうか。それは科学という学問の特徴に起因している。

高校で学ぶ日本史や世界史を思い浮かべてみればわかるように、一般に歴史学とは時代の固有性を問う学問である。これに対し、科学の真理はいつの時代においても共通している、換言すれば、固有性を超えた普遍性が付与されている。

たとえば、重力の法則自体は、ニュートンの時代でも今日でも、まったく同等に成り立つはずである。三〇〇年経ったら、法則に変化が生じたなどということはあり得ない。もっといえば、ニュートンが庭でリンゴが落ちるのを見るはるか昔から、リンゴの落下も惑星の公転運動も重力の法則が語るところに従って行われていた。ただ、人間がそれに気がつかなかっただけである。

このように、科学が抽出する真理には時代に束縛されない普遍性があることから、その真理に対する理解の仕方、認識もまた普遍、つまり過去と現代で違いはないと誤解してしまう。というか、そもそも時代による違いが存在するという意識がないのである。さきほど紹介したファラデーの電磁気学に対する物理学者の指摘は、それを如実に表している。ここに科学の歴史をたどるときの陥《かん》穽《せい》がある。そして、その陥穽に落っこちないように歩くところに科学史の——他の歴史学とは一味違う——妙味があることに、私は遅まきながら、物理学教室を去った後に気づいたのである。

というわけで、学生時代に科学史研究に関する基礎的なトレーニングを受ける機会のないまま、いわば手探りで科学史に首を突っ込むことになった私であるが、それはそれで得した面があったと思っている。

科学史の主な研究対象は断るまでもなく、科学者という人間と彼らの営みから生み出された業績である。そう考えると、物理学に携わっていた私は三〇代前半までは、図らずも手を染めるようになった分野の研究対象の側にいたことになる（もちろん、私が発表したいくつかのささやかな論文が科学史研究のテーマと成り得る価値があるといっているのでは毛頭ない。そうではなく、あくまでも単に立場を述べているに過ぎない。念のため）。

それがあるとき、研究する側に立場が変わったわけである。したがって、研究しながら同時に、研究される側の立場でも物事を考えられるようになっていたと感じている。これは強みといえるほどのものでもないかもしれないが、初めから科学史一本で生きてきた場合とは異なるユニークな視点、アプローチで、独自の学問観をつくり上げることができたのではないかと思っている。

そしてなによりも、物理学という理系を代表する物質を扱う学問と、人文系の色彩をまとう科学史という人間の営みに関する学問の二つの世界を逍遥《しょうよう》する人生を送れたことは、幸せであった。自分でいうのも変であるが、私は科学史との相性がよかったような気がする（業績の評価はともかくとしても）。

四〇年ほど前、「オーバードクター問題」の壁を運よく打ち破り、そのまま物理学の研究だけを続けていたら、こうした思いを抱くことはなかったであろう。「人間万事塞翁が馬」である。

さて、二〇一八年三月、私は早稲田大学を定年退職した。学部時代から数えると、半世紀余りを〝都の西北〟で過ごしたことになる。物理学から科学史へと自然に移り変われた背景には、研究の自由を重んじるこの大学の学風があったといえる。

そこで、人生の節目を迎えた今、これまでの研究生活で出会った心に残る書物の数々を取り上げながら、学問の面白さ、楽しさを特に若い人たちに伝えたいという思いを込めて、本書の執筆に当たった次第である。また、そこから科学史という、学際的な性格の学問にも親しんでほしいと願っている。

「学問は楽問である」というのが、私のかねてよりの持論である。この言葉が物語るところを本書を通し、少しでも感じ取っていただければ幸いである。

目次

1章　宇宙と光と革命の始まり（一六～一七世紀）　1

5章　遺伝子と古生物学と人類の進化（二〇世紀後半）　161

1章

宇宙と光と革命の始まり

（一六～一七世紀）

バターフィールド　一九四九年

『近代科学の誕生』

歴史を学ぶとき、どういう話題に関心をそそられるかと問われれば、なんといっても、時代が大きく動いた変革期に起きたドラマであろう。一般に〝革命〟と表現される一連の流れである。実は、こうした面白さは科学史においても同様に見られる。

その有様を明確に指摘したのが、一九四九年、イギリスの歴史学者バターフィールドが著した『近代科学の誕生』（渡辺正雄訳、講談社学術文庫。以下、引用は同書による）である。この中でバターフィールドは「科学革命」という歴史の捉え方を提示している。それは書名から読み取れるように、古代ギリシャを源流とし、中世を通してヨーロッパで連綿と受け継がれてきた自然観（宇宙から身近な世界まで、自然に対する基本的な理解の仕方）が近代に入ると一気に崩壊し――つまり、知の革命が起き――、その結果、現代につながる自然科学の原型が誕生したとする歴史の見方である。

具体的にはおおむねコペルニクスの手になる『天球の回転について』（一五四三年）から、ニュートンが著した『プリンキピア』（『自然哲学の数学的原理』、一六八七年）の出版に至る一六世紀中葉から一七世紀後半にかけての時代を指している。その間に起きたダイナミックで劇的な知の変貌について、バターフィールドはこう述べている。

この革命は、科学における中世の権威のみならず古代のそれをも覆したのである。つまり、スコラ哲学を葬り去ったばかりか、アリストテレスの自然学をも潰滅させたのである。したがって、それはキリスト教の出現以来他に例を見ない目覚ましい出来事なのであって、これに比べれば、あのルネサンスや宗教改革も、中世キリスト教世界における挿話的な事件、内輪の交替劇に過ぎなくなってしまう。

なんともインパクトの強い、迫力に満ちた見解が綴《つづ》られている。引用文にあるスコラ哲学とは、キリスト教思想と古代ギリシャの哲学に基盤を置く学問の体系で、中世ヨーロッパにおける知の規範を成すものであった。平たくいえば、近代に入るまで、誰もが疑うことなく継承してきた知識の集大成ということになる。そして、古代ギリシャを代表する哲学者が〝万学の祖〟と呼ばれたアリストテレスで、彼の自然学、とりわけ運動論は一七世紀前半までの長きにわたり、支配的な影響力を保持していた。

要するに、こうした権威を科学革命は壊滅させ、人々の自然観を根底から一新させたというわけである。したがって、その変革の意義はルネサンスや宗教改革をはるかに凌駕《りようが》するほど大きいということになる。

続いて、バターフィールドは次のように論じている（〔　〕内は引用者）。

それ〔科学革命〕は、物理的宇宙の図式と人間生活そのものの構成を一新するとともに、形而《けいじ》上《じょう》学の領域においても、思考習慣の性格を一変させた。こうして、この革命は、近代世界と近代精神の真の生みの親として大きく浮かび上がってきたため、ヨーロッパ史における従来の時代区分は時代錯誤となり、邪魔物となってしまった。

という具合に、バターフィールドは科学革命という概念を提唱し、歴史に新しい時代区分を導入したのである。換言すれば、そこを境にして近代科学を誕生させた自然観の画期的かつ根本的な変革が、一六世紀から一七世紀にかけて生じたというわけである。それは知の世界に一種の不連続性を伴う展開が生じたということを意味するのであるから、その時代が面白くないはずはない。

そこで、1章では、科学革命を引き起こすうえで重要な役割を果たした書物に注目してみたいと思う。

なお、余談になるが、バターフィールドの筆遣いは極めて流麗であり（それはまた訳文がみごとだともいえる）、論理の進め方が巧みであるため、いわんとすることに説得力がある。文章を書く際の一つの手本になるであろう。

コペルニクス　一五四三年
『天球の回転について』

一五四三年といえば、日本史では種子島に漂着したポルトガル人によって火縄銃（鉄砲）が伝来した年として特記されている。日本が西欧文明と出会った年となったわけである。一方、その西欧に目を向けてみると、コペルニクスが地動説（太陽中心説）を世に問う『天球の回転について』を発表し、科学革命の狼煙《のろし》をあげた年として位置づけられている。

今日でも「朝日が昇る」、「夕日が沈む」という表現がごく当たり前なように、我々は日常生活の中で動いているのは地球ではなく太陽の方だという意識で暮らしている。経験に照らし合わせてみても、地球の運動を体を通して実感することはない。いわんや数世紀昔の人々においてをやである。したがって、古代ギリシャから二千年以上にわたって受容され、盤石さを誇っていた天動説（地球中心説）を覆した書物は、確かに科学革命の幕を開けた嚆矢《こうし》と映る。また、それだけに、コペルニクスが唱えた新説は当時の人々にとって、まさに驚天動地の思いを抱かせたことであろう。

そうなると、ここで一つ、疑問がわく。コペルニクスはどうして地球が動いていると確信するに至ったのであろうか。つまり、宇宙の中心をあえて地球から太陽へ置き換えた理由は何かという疑問である。現代の常識を当てはめれば、長く受け継がれてきた定説をひっくり返すには、十分な科学的根拠があって初めて可能であると考えたくなる。具体的にいえば、従来の説を覆すに十分足る精度の高い観測データや、地球の運動によって生じる現象を説明する力学理論などをよりどころにして、コペルニクスは——たとえ人間の素朴な実感からはかけ離れていても、〝清水の舞台から飛び降りる〟つもりで——地動説を発表したのではないかと想像したくなる。

ところが、実はまったくそうではなかった。地動説はそうした科学的視点とは無縁なところから生まれたのである。「まえがきに代えて」の中で、科学の歴史をたどるときの陥穽《かんせい》について触れたが、『天球の回転について』はその重要さを知るまさに好例といえる。

天動説は古代ギリシャ以降の長い歴史の中で、何度もさまざまな修正が加えられ、そのたびごとに複雑な体系へと変化していった。それは惑星の不規則な動きが単純な天動説（宇宙の中心に静止した地球の周りを、すべての天体が等速円運動しながらまわっているとする簡潔な体系）では、うまく説明できなかったからである。実際には惑星は星座を構成する恒星を背景に、行きつ戻りつするようなふらふらした軌跡を描く。つまり、その動き方は地球を中心とする天球の上にのって回転しているとする体系には合致しなかった（それは地球もまた、他の惑星と同様、太陽の周りをまわっているため、見かけ上、相対的な運動としてそうなるからであったのだが）。

そこで、地球を絶対に動かさないという縛りのもと、天動説には巧妙な細工が施されていった。その最たるものが「周転円」と呼ばれるトリックである。それは惑星は地球を中心とした天球にのっているのではなく、天球上の一点を中心にもつ円（これが周転円）の上に位置するとみなす考え方である。こうすると、惑星は天球の回転と周転円の回転からなる二つの円運動の合成による軌道を描くこととなり、特有のふらつき運動が記述できたのである。

要するに辻褄《つじつま》合わせに過ぎなかったわけではあるが、うまいアイデアを思いついたものだと感心させられる。しかし、うまくいっただけに、時代とともに観測される惑星の動きと記述方法にずれが生じると、周転円の上にさらにもう一つ円運動を重ねるという操作が繰り返され、天上界は複雑な幾何学の演習問題集のごとき様相を呈してきた。

その混乱ぶりを如実に物語るエピソードが知られている。一三世紀のカスティーリャ王国（今のスペイン）に、アルフォンソ十世という王様がいた。この王様、天文学に関心が深かったこともあったからであろう、周転円がいくつもまわるややこしい宇宙体系を前にして、「神が世界を創造するとき、私に相談してくれればよかったのに」と嘆いたと伝えられている。宜《むべ》なるかなである。

コペルニクスはアルフォンソ王よりさらに三世紀も後の人であるから、この時代、宇宙の複雑さはより深刻となり、極限に達していた。コペルニクスが天動説に見切りをつけ、〝清水の舞台から飛び降りる〟覚悟を決めた理由はまさにここにあった。彼は『天球の回転について』の中で、ローマ法王パウロ三世に宛て次のように訴えている（以下、引用は矢島祐利訳、岩波文庫による。なお、岩波文庫の書名は『天体の回転について』となっている。傍点は引用者）。

彼等〔天文学者〕の仕事は手や足や頭やその他の部分——それらはそれぞれ立派であるが決し

て一つの身体を形造ってはいない――を寄せ集めて、人間を作るというよりはむしろ怪物を作っている人の仕事に比較することができます。

周転円に代表されるいくつかの幾何学的技法は巧みかもしれないが、それらを組み合わせて描いた宇宙は醜悪な〝怪物〟のようだと嘆いたわけである。そこから、コペルニクスはそもそも神がそうした美と調和を欠いた世界をおつくりになったはずはないと法王に語りかけたわけである。

そこで、宇宙の中心に太陽を据え、その周りを地球を含め、月を除くすべての天体がまわっているとすれば、簡潔な図式が再現でき、惑星のふらつきも見かけ上の相対運動として説明できるとコペルニクスは考えた。地球は不動のものという固定観念の放棄は人間の素朴な実感からは著しく乖《かい》離《り》するものであるが、それを犠牲にしてでもコペルニクスは美と調和の復元を唯一絶対の真理として優先したことになる。醜い〝怪物〟を天上界から追放したかったのである。

したがって、前述したように、客観的なしかるべき科学的根拠があって地動説は生まれたわけではなく、それは提唱者の審美眼による主観の産物であった。「コペルニクスによって為された偉大な貢献というものは、何か新たなものの発見というよりも、選択という性質のものである」（A・アーミティジ著、奥住喜重訳『太陽よ、汝は動かず』岩波新書）という指摘は、核心を突いている。

もう一つ、現代の我々から見ると違和感を禁じ得ない箇所について触れておこう。それは宇宙の中心に太陽がくるべき理由の記述である。コペルニクスはこう述べている。

この美しい殿堂の中でこの光り輝くものを四方が照らせる場所以外のどこに置くことができようか。或る人々がこれを宇宙の瞳と呼び、他の人々が宇宙の心と言い、さらに他の人々が宇宙の支配者と呼んでいるのは決して不適当ではない。〔中略〕太陽は王様の椅子に坐ってとりまく天体の家来を支配しているようなものである。

まるで太陽崇拝を信仰する古代の叙事詩を読まされているような語り口であり、科学的な説明とはおよそ縁遠い、不可思議な印象を禁じ得ない。地球を動かし、宇宙の中心に太陽をもってきたという結論だけに注目すれば、『天球の回転について』は哲学者カントが形容したように〃コペルニクス的転回〃といえるのかもしれないが、そこに至る発想の過程にはこのように古代、中世の思想が引きずられていたのである。かいつまんでいえば、コペルニクスのいうところの地動説と現代の我々が理解するそれとはその基盤となる自然観に注目すれば、似て非なるものであった。

ただし、こういうことはいえる。惑星のふらつきを地球も動いているための見かけの相対運動として記述するという考え方はなによりも簡潔であり――これは科学理論として成り立ちうる一つの要件になる――、そのぶん現象論的には受け入れやすい。そこから、コペルニクスの説はケプラー、ガリレオ、デカルト、ニュートンたちの手を経て徐々に磨きがかけられ、近代科学としての体裁を整えていくのである。したがって、カントの形容が正しいとすれば、それはコペルニクス一人ではなく、科学革命を担った人たちの業績を総合して評価したうえでの話と考えるべきであろう。

ケプラー　一五九六年
『宇宙の神秘』

宇宙を記述するとき、コペルニクスが優先順位の第一位においたのは美と調和であったが、そうした傾向は半世紀後の一五九六年、ケプラーが著した『宇宙の神秘』にも色濃く残されている。

当時、知られていた惑星の数は地球を含め水星から土星までの六個であった（七番目の天王星は一七八一年、さらにその外側をまわる海王星は一八四七年に発見されることになる）。この「六」という数字がこれから述べるように、ある歴史の偶然による〝いたずら〟をすることになる。

地動説を支持していたケプラーは、「惑星の数はなぜ六個なのか」そして「六個の惑星の天球（軌道を含む球面）はそれぞれ、どうして今ある大きさに決められたのか」という問題を考えつづけていた。つまり、惑星の数が五でも七でもなく「六」に定められ、おのおの天球のサイズが決められたのは何か意味があり、そこには宇宙を創造した神の意図が込められていると、ケプラーは考えたのである。この頃、ケプラーはグラーツ（スイス）の大学で幾何学を講じていたが、授業中、天啓を得たかのようにして神の意図を読み解く手掛かりが閃《ひら》めいたという。その瞬間の詳しい様子は、ケプラー自身が『宇宙の神秘』（大槻真一郎訳、工作舎）の中で語っている。

ケプラーは教室で学生に幾何の説明を行っているとき、突然、各惑星の軌道の間に、目には見えないが正多角形（対称性の高い図形）が骨組みとして組み込まれているのではないかという着想を得た。そこで、たとえば一番外側の土星の軌道に正三角形を内接させ、同時にその三角形に木星の軌道が内接するように円を描いてみた。こうして順に内側の惑星の軌道に内接、外接を繰り返すよう正多角形をはめ込んでいけば問題が解決するのではないかと、ケプラーは期待したのである。

しかし、これはうまくいかなかったし、そもそも正多角形は無数にあるので、どの図形を選ぶかで話は変わってきてしまう。

それでも諦めなかったケプラーは、次に平面図形ではなく球と正多面体による組み合わせを考えてみた。正多面体とは面が一種類の正多角形からなる立体で、たとえばサイコロのような立方体（これは正方形で囲まれた正六面体）がそうである。そして、ここが重要なポイントとなるのであるが、正多面体は五種類（正四面体、正六面体、正八面体、正一二面体、正二〇面体）しか作れないことが、すでに古代ギリシャの幾何学によって知られていた。この「五」という数が面白い展開を見せることになる。

惑星がのる天球は六個であるから、各天球の間のすきまは五つになる。つまり、正多面体の数と一致するわけである。これに気がついたときのケプラーの興奮ぶりは、さぞやであったと思う。五つのすきまに正多面体を一つずつ過不足なくはめ込んでいけば、太陽系が形づくられると考えたからである。具体的に書くと、土星の天球に内接するように正六面体を置き、次にそれに内接する形で木星の天球が描かれる。さらに、今度は木星の天球に内接するように正四面体を置き、それに火星の天球を内接させる……という操作を水星まで続けると、五つの正多面体をすべて一回ずつ使い切ることになる。

以上が惑星の数を六個とし、各天球の大きさ（太陽をまわる軌道の広がり）を神が定めた理由であると、ケプラーは確信した。惑星の数「六」と正多面体の数「五」の間に、整数の組合せからなる調和を見たのである。

球と正多面体はもっとも対称性の高い、美しい立体図形である。だからこそ、神はこうした美と調和の具現化として太陽の周りに六個の惑星を配したと解釈したケプラーの思いは、当時の思想に照らし合わせれば自然で説得力のあるものであったろう。

『宇宙の神秘』にはケプラーが組み立てた有名な太陽系の模型が描かれている。内部の構造がわかるように、土星から水星までの天球が半球に切られ、同心球に層を成して組み入れられている。そして、半球のすきまごとに、正多面体が一つずつ順に内接を繰り返す形できれいに置かれている。模型が完成したとき、ケプラーは宇宙を創造した神の視点でこのミニチュアの太陽系を眺めていたのかもしれない。

ところで、さきほど偶然という表現を使ったが、当時、惑星の数が六個と考えられていたのは、たまたま、肉眼で見える星が水星から土星までであったのに過ぎず、もちろん正多面体の数とは何の関係もなかった。もし土星の軌道がもっと大きいか、あるいは天王星や海王星の軌道が今よりも小さかったら、認識される惑星の数は異なっていた可能性がある。そうなると、必然的にケプラーが気がついた両者の調和が生じることはなく、『宇宙の神秘』が書かれることもなかったであろう。

そう考えると、この後で述べる理由から、この偶然はニュートン力学の成立、ひいては近代科学誕生の分水嶺《ぶんすいれい》となったのである。ここに歴史の面白さがある。


さて、ケプラーは『宇宙の神秘』を発表すると、自分が描いた太陽系の構造が実際に観測される惑星のデータと一致するかどうか検証を試みることにした。このときケプラーが用いたのは、一六世紀末、当代一の天文観測家としてヨーロッパ中にその名を馳《は》せていたティコ・ブラーエの観測データである。当時、望遠鏡はまだ発明されていなかったものの、ブラーエのデータは測定誤差が角度にしてわずか二分程度という、驚異的に精度の高いものであった。

コペルニクスの『天球の回転について』と同様、『宇宙の神秘』にはまだ、古代、中世の思想が強く影を落としていたが、信頼できる観測データと比較して自説の正しさを確かめようとしたケプラーの姿勢は、近代へ向け一歩を踏み出したといえる。

そこで、ケプラーはブラーエのデータをもとに、太陽―地球―火星を頂点とする三角形を描き、時間ごとに変化する三角形の形を追ってみた。すると、驚くべき結果が出てきた。火星と太陽の距離は一定ではなかったのである。つまり、円軌道からのずれが認められた。またそこから、火星は太陽に近づくと速く、遠ざかると遅くなることが示唆された。そうなると、入れ子構造を成した正多面体の間に惑星の天球をはめ込むという太陽系の模型はもはや成り立たなくなる。

つまりは、コペルニクスが考えたような、惑星は太陽の周りを等速円運動しているとする基本的な捉え方自体が破綻してしまう。事態は深刻であった。

そうなると、固定観念を払拭し、惑星の新しい軌道を求めなければならなくなる。試行錯誤を重ねた末、ケプラーはそれが円ではなく楕円《だえん》であるという結論に達した。そして、太陽はその楕円の焦点に位置していたのである。したがって、焦点から楕円軌道上の点までの距離に応じて、火星の動きは周期的に遅速を繰り返すことになり、他の惑星も火星と同じ運動を行っていることが示された（ケプラーの思考の過程については、朝永振一郎『物理学とは何だろうか』岩波新書、にわかりやすい解説がある）。

以上の成果をケプラーは一六〇九年に著した『新天文学』の中にまとめている。この本の原題は"Astronomia Nova"であり、原書は早稲田大学図書館に所蔵されている。それを開くと、ケプラー自身が描いた火星の楕円軌道を見ることができる。

ついでに付言しておくと、ケプラーは一六一九年に出版した『宇宙の調和』において、惑星の公転周期の二乗と楕円軌道の長径の三乗は比例するという関係を導き出している。書名のとおり、ケプラーは周期と軌道の大きさの間に調和を見い出したのである。

ところで、惑星の軌道が楕円となると、自《おの》ずと、どうして円ではなく、よりにもよってその形なのかという疑問がわいてくる。また、公転速度が遅速を繰り返すとなると、やはりどうして等速ではないのかという疑問を呈したくなる（地動説が唱えられても等速円運動が温存されている限りでは、この

「どうして」という疑問は生じ難い）。これらの疑問に対する答えを得るにはニュートンの登場を待たねばならないが、ケプラーの発見は力学が構築される呼び水となったのである。そして、その原点には偶然がいたずらして書かれた、『宇宙の神秘』があった。さきほど、近代科学誕生の分水嶺と書いたのは、そういう意味である。

ガリレオ　一六一〇年
『星界の報告』

前節で述べたように、ケプラーが『宇宙の神秘』を執筆したとき、望遠鏡はまだ存在していなかった。この文明の利器の発明は、一六〇八年、オランダのリッペルスハイによってである。遠くのものを手元に引き寄せたように、拡大して見える道具は、さぞや当時の人々を驚かせたことと思う。そのときの様子をガリレオは一六一〇年に著した『星界の報告』（以下引用は山田慶児、谷泰訳、岩波文庫による）の中で、次のように述べている。

およそ一〇ヵ月ほどまえ、あるオランダ人が一種の眼鏡を製作した、という噂を耳にした。それを使えば、対象が観測者の眼からずっと離れているのに近くにあるようにはっきり見える、ということだった。実際に眼で見てその驚くべき効果を確かめた、という人もあった。信ずる人もあれば、否定する人もあった。数日たって、わたしはフランスの貴族ジャック・バドゥヴェールがパリからよこした手紙を受取り、その噂が事実であるのを確かめた。そこで、ついに自分でも思いたって、同種の器械を発明できるように、原理をみつけだし手段を工夫することに没頭した。それからほどなく、屈折理論に基づいてそれを発見したのである。

こうして手製の望遠鏡を組み立てたガリレオは、他の人たちが思いもよらなかったことを試みる。望遠鏡を地上の対象物ではなく、夜空に輝く星に向けたのである。その観測成果をまとめた『星界の報告』は望遠鏡天文学の幕開けを告げ、肉眼では決して見ることのできなかった宇宙の新しい姿を広く伝えるものとなった。

そこには最初に月の表面のスケッチが数枚、掲載されている。天動説に基づくと、天体は地上には存在しないエーテルと呼ばれる元素から成り、その形は完全な球体とみなされていた。つるっとした水晶玉のようなイメージであったものと思われる。ところが、望遠鏡を通して拡大された月はまったく異なる相貌を示していた。ガリレオはこう報告している。

月の表面は、多くの哲学者たちが月や他の天体について主張しているような、滑らかで一様な、完全な球体なのではない。逆に、起伏にとんでいて粗く、至るところにくぼみや隆起がある。山脈や深い谷によって刻まれた地面となんの変わりもない。

ここで、ガリレオは月の表面は地球の地形と同じだと驚いている。両者の共通性に気がついたのである。そこから、地球もまた、あまたある天体の一つに過ぎないのではないかという思いが生じてくる。

天動説と地動説を対比するとき、往々にして地球が静止しているか動いているかという点だけがクローズアップされがちである。しかし、議論を敷衍《ふえん》すれば、前者は地球を他の天体と区別される――つまり、共通性のない――特別な存在とみなしているのに対し、後者は地球の特別扱いを否定しているといえる。月の表面を観測しても、地球が動いているか否かの議論に決着がつくわけではないが、ガリレオが気づいたように、そこから地球を特別扱いすることへの疑問、つまりは天動説への懐疑心が広がっていったのである。

月が完全な球体であれば、太陽の光が当たる明るい半球（昼の部分）と当たらない暗い半球（夜の部分）の境界は滑らかな曲線で分けられる。ところが、山や谷があるため、境界は一様でないぎざぎざの曲がりくねった線を描くことになる。また、暗い半球部分でも、境界近くの山の頂上付近は太陽の光を受けるため、そこが明るい点となって輝いている様子をガリレオは丁寧にスケッチしている。また、太陽が昇るにつれ、輝点は大きくなっていくと記述している。そして、ガリレオは「それとおなじような光景が、日の出どきに地上でもみられる」と書いている。

話は変わるが、ケプラーに『夢』と題する月世界旅行物語がある（刊行されたのは、ケプラーが亡くなった後の一六三四年になる。邦訳は『ケプラーの夢』渡辺正雄、榎本恵美子訳、講談社学術文庫）。月が我々の住む地球とよく似ているのなら、月にも人間がいて生活を営んでいるのではないかという空想のもとに書かれた、SFの先駆けのような作品である。そこには主人公の天文学者と彼の母親が精霊の力によって月へ行き、月の人々の暮らしぶりや地理、気象、月から眺めた星の動きなどが記載されている。

地形に類似性があるからといって、ここまで月に地球との共通性を求めては、話があまりに飛躍しすぎであるが、ケプラーがこうした作品を書いた背景には、地球は宇宙で特別な存在ではないという地動説の根幹を成す思想の強い影響があったのであろう。

さて、もう一度、『星界の報告』に目を向けると、ガリレオは木星の衛星も発見しているが、その経緯が次のように記されている。

> 筒眼鏡で天体観測中、わたしはたまたま木星を捉えた。わたしはたいへんすぐれた筒眼鏡を用意していたから、木星が従えている、小さいけれども極めて明るい三つの小さな星を見つけた。〔中略〕当初、わたしは恒星だと信じていたが、黄道に平行な直線にそって並んでおり、等級も他の恒星より明るいという事実に、軽い驚きを覚えた。

その後、小さな明るい星の数は四つに増え、観測を続けていると、それらは木星に対する相対的な位置を変化させながら、木星の背後に隠れて見えなくなることもあった。そこから、ガリレオは木星の周りには衛星が四つ、まわっていることに気がついたのである。衛星（月）が存在するという点において、また一つ他の天体と地球との共通点が見い出されたことになる。こうした観測事実の積み重ねにより、地球を特別視する意識は徐々に希薄となっていき、天動説は衰退の道をたどり始めるのである。

ところで、引用文にあるように、ガリレオは自分の望遠鏡をたいへんすぐれたものと自慢しているが、なるほどと思わせる論文が一九八〇年、イギリスの科学誌『ネイチャー』に発表された。アメリカの天文学者コワルとドレイクが木星の衛星に関するガリレオの観測ノートを調べていたところ、衛星の位置を表示する目印として、木星の背後に見える恒星が一つ記録されていた。ところが、それは恒星ではなく海王星であったのである。彼らの論文のタイトルはずばり、「ガリレオの海王星観測」("Galileo's Observation of Neptune")となっている。

木星の衛星発見だけでも興奮をそそられる出来事であるから、ガリレオの関心はそちらに集中していたのであろうし、また、ケプラーの『宇宙の神秘』が示すように(前節参照)、当時最外部と考えられていた土星の外側に、よもや未知の惑星がまわっているなどとは思いもよらなかったことであろう。したがって本人はそうとは気づかず、大金星を逸してしまったわけであるが、ガリレオは海王星を捉えていたのである。すごいものだと思う。

『天文対話』 ガリレオ 一六三二年

『新科学対話』 ガリレオ 一六三八年

望遠鏡による天体観測と並んで、もう一つ地動説の定着に寄与したのは物体の運動を記述する力学理論の構築である。中でも重要なことは、慣性の概念の確立であった。卑近な例をあげると、高い塔のてっぺんから真下に石を落とせば、落下している間にも大地は動いているので、石は塔の足元から少しずれた地点に着地するのではないかという問いかけに、どう答えるかという話である。

こういう素朴な疑問は直感的には現代の我々でも抱きかねないが、この問題を真正面から詳しく論じたのは、一六三二年に出版されたガリレオの『天文対話』である。この本では書名にあるとおり、三人の登場人物が繰り広げる対話形式で議論が進行している。三人とは、天動説を信じるシンプリチオ、地動説を支持するサルヴィアチ（ガリレオの代弁者）そして進行役のサグレドである。

さて、件《くだん》の疑問に関して、ガリレオはサルヴィアチに次のような説明をさせている（以下の内容は青木靖三訳、岩波文庫による）。

船のマストの上から石を真下に落とした場合、たとえ船が動いていても、その速度に関係なく、石はマストの足元に落ちる（ガリレオの時代でも、波や風が穏やかな状態のもとで、走行が安定した、ある程度大きな船を使えば、この手の実験は可能であったろう）。ここで、船を地球に置き換えれば、物体の落下を眺めても、それによって、地球が静止しているか動いているのかの区別はできないということになる。

ガリレオはさらに話を一般化して、議論を進めている。滑らかな斜面に球を置くと、球は加速しながら、ころがり落ちていく。反対に、斜面の下から上に向けて球をはじくと、球は徐々に減速していく。ここまでは誰でもすぐわかる。

そこで、サルヴィアチはシンプリチオに向かって、では、球を傾いていない完全な水平面に置いて、動かしたら、どのような現象が見られるかと、質問している。すると水平面では加速の原因も減速の原因もないので、球は動き出したときの速度のまま、いつまでも運動を続けると、シンプリチオは答えざるを得なくなる。つまり、原因がなければ（補足すると、力が働かなければ）、運動する物体は初めに得た速度を維持する、つまり、速度が変化することはないと結論づけられる。こうした運動に関する性質が慣性である。

したがって、船の例に話を戻すと、船が進む水平方向には力は何も働かないので（力が働くのは垂直方向のみ）、石は落下中も初めからもっていた船と同じ水平方向の速度を失うことはない。つまり、石はこの方向に関しては船と同じ動きをするので、結果、マストの足元に落下することになる（なお、こうした現象が見られるのは、船が等速で進む向きを変えずに走行している場合になる）。

ガリレオは『天文対話』の中で、さらに話を敷衍《ふえん》してこういう説明をしている。大きな船の甲板の下にある部屋に蝶《ちょう》や蝿《はえ》を入れ、魚が泳ぐ水槽を置いておく。また、水を満した桶を吊るし、底から水が少しずつ垂れるようにする。このとき、船が進行方向も速度も変えずに走行している場合、蝶や蝿の飛び方も魚の泳ぎも水の落ち方もすべて、船が停止しているときとまったく同じになる。部屋の中でものを投げたり、跳びはねたりしても、運動現象に何の変化も生じない。つまり、船内で生じるいかなる運動を観察しても——船が揺れでもしない限り——、船が停泊しているのか走行中なのかを区別することはできないというわけである。

繰り返しになるが、船を地球に見立てれば、こうした運動理論から、地動説は受け入れられることになる。

なお、ここで一つ注意点がある。ガリレオが論じた水平面とは、地球という巨大な球体の一部を局所的に切り取ったものである。したがって、力の作用を受けないとき、物体は等速で水平面上を動きつづけるわけであるが、その場合、軌道を延長すると円になってしまう。円軌道ではなく、物体は等速直線運動を行うと理論を修正するのは、次節で紹介するデカルトになる。

ところで、ガリレオの業績といえば、落体の法則の発見を思い浮かべる人も多いのではないだろうか。

アリストテレスの運動論によれば、軽い物体よりも重い物体の方が落下速度は大きいとされてきた。確かに、身近に目にする現象を見れば、そういえそうである。たとえば、金属球と羽毛を同時に落とすと、前者はストンと速く落下するのに対し、後者はフワフワとゆっくり降りていく。しかし、こうした差が生じるのは空気の抵抗が働くからであって、その条件を取り除けば、落下速度は物体の重さに関係しない。この問題を初めて論じたのもガリレオである。

一六三八年に発表された『新科学対話』の中で、次のような論理が展開されている（この本も『天文対話』に登場した三人の対話形式で書かれている。以下、引用は今野武雄、日田節次訳、岩波文庫による）。

アリストテレスの運動理論に従って、「たとえば大きな石が8の速さ、小さな石が4の速さで落下するとすれば、両者を結びつけたとき、どんな速さで落下するのか」とサルヴィアチがシンプリチオに問いかけている。結合した二つの石を一体として考えれば、それだけ重くなるので、落下速度は両者の和の12になる。一方、重い物体ほど地球の中心に向かって帰ろうとする欲求が強いとみなしたアリストテレスの説に注目すると、ゆっくり落ちようとする軽い石が速く落ちようとする重い石の足を引っぱることになる。結果、二つの石を結びつけた場合、落下速度は両者の平均の6とも考えられる。

ここで、アリストテレスの説を信じていたシンプリチオは二つの異なる解釈を自ら導き出してしまい、矛盾に気がつく。

矛盾を認めさせたうえで、ガリレオは空気抵抗が働かないとすれば、落下速度は物体の重さには依存せず、落下距離に比例して大きくなる、つまり等加速度運動をするという仮説を立てた。しかし、時々刻々変化する速度を瞬間ごとに測定するのは非常に難しい。そこで、速度と距離の比例関係を、落下距離は落下時間の二乗に比例するという関係に置き換えている。

この変換は微積分を使えば簡単にできるが、当時はまだ、この便利な数学は知られていなかった。ガリレオはこれを幾何学図形を用いて説明している。こうすると、距離はあらかじめ定めておくことができるので、測定はしやすくなる。ガリレオはサルヴィアチの口を借りて、仮説の検証を行った実験を次のように述べている（なお、引用文中にあるキュービットとは約六〇センチメートルにあたる長さの単位である）。

長さ約12キュービット、幅1／2キュービット、厚さ3指幅の定規又は角材をもって来ます。その縁に幅一指幅余りの溝を切ります。この溝は極めて真直に作られ、平滑に、かつ磨かれ、なおその内側に、できるだけ平滑な、つるつるした羊皮紙が貼ってあります。そのうえを硬く、平滑な、完全に円い真鍮の球を転がすのです。この板を、その一端が他端より1ないし2キューピット引き上げて傾斜した位置に置き、上に述べた球を溝に沿って転がし、その落下に要する時間を次に述べるような仕方で記録するのです。

というわけで、ガリレオは七メートル余りの角材に溝を掘り、それを少し傾け、溝に沿って金属球を転がしたのである。垂直に落下させると速度が大きくなってしまうが、斜面に沿って球を転がせば、傾斜角に応じて落下速度が遅くなるため、測定しやすくなる。また、実際に真空をつくらなくても、つるつるした羊皮紙と滑らかな金属球を組み合わせることで、摩擦や空気抵抗を抑えることができる。こうした工夫を施し、ガリレオは物体が重さに関係なく、落下速度は時間に比例して大きくなるという仮説を実証したのである。

なお、この件に関し、ガリレオがピサの斜塔を舞台にした落下実験を行って、アリストテレスの説を打ち砕いたというエピソードが知られているが、これはガリレオの晩年の弟子ヴィヴィアーニによる創作である。

垂直に物を落として、ガリレオの実験が行われたのは一九七一年、月面においてであった。と書くと、びっくりされそうであるが、アメリカの宇宙船「アポロ15号」の乗組員がハンマーと羽根を同時に落としたところ、二つはゆっくりと落下し、同時に着地したのである。月は空気もなく、重力も地球に比べ弱いので、こうした実験が可能であった。緊張を強いられる月面探査の中で行われた、ちょっとした〝お遊び〟であった。

ガリレオ　『天文対話』
ガリレオ　『新科学対話』

デカルト　一六四四年
『哲学原理』

ガリレオが没した二年後の一六四四年、デカルトが『哲学原理』を発表、その中で慣性の概念から円を追放し、ニュートン力学につながる明確な定義を下している。そこにはこう記されている（以下、引用は桂寿一訳、岩波文庫による）。

自然の第一法則　いかなるものもそれ自らに関しては常に同じ状態を保つ。かようにして、一度動かされたものは常に運動し続ける。

力が働かなければ静止している物体が動き出すことがないことは経験的に誰でもわかるが、同様に動いている物体が減速し、やがて止まってしまうこともないといっているわけである。つまり、運動の持続性を法則として位置づけている。この点について、デカルトはこう説明している。

我々は地上に住んでおり、そしてこの大地の機構は、その近くで起こるすべての運動が間もなく、しかもしばしば我々の知覚に隠れた原因によって、静止するといった性質のものであるから、したがって我々は幼年期からしばしば、かように我々に未知の原因で静止せしめられた運動が、自発的に止まるのだと判断してきた。そして多くのもので経験したと思われることを、すべてのものに拡げて、運動はその本性上停止する、もしくは静止に向かうものだと、推測する傾向を有《も》つのである。これこそまったく自然の法則にこの上なく反することである。

アリストテレスの運動論では、静止こそが物体が取る本来の状態だとみなされていた。したがって、運動を続けるためには、常に力を作用（押すとか引っぱるなどの操作）が必要になる。そうしないと、動いていた物体はやがて静止してしまう。

この見解をデカルトは否定したわけである。そして、アリストテレスの解釈が完全に間違っていたのは、「知覚に隠れた原因」、「未知の原因」を見落としていたからであると鋭く指摘している。具体的にいえば、それは物体と接触面との摩擦や空気抵抗などである。確かにこれらの要因は目で見えないため、運動を阻止する作用が存在していることに気づき難いといえる。こうして経験に縛られた誤謬《ごびゅう》を振り払い、真理を見据えたデカルトの炯眼《けいがん》には感心させられる。

続いてデカルトは、次の第二法則を述べている。

あらゆる物体は、決して曲線的にではなく、ただ直線的にのみ運動し続ける傾向をもつ。

運動の持続は速度の大きさが保たれるだけでなく、その方向も保たれる、つまり等速直線運動になるというわけである。これこそ正当な慣性の概念であり、後にニュートンの運動法則（『プリンキピア』）の中に包摂されていくことになる。

なお、こうした法則が適用される運動が生じたそもそもの普遍的原因（第一次原因）は何であったかというと、それは神以外にはないとデカルトは断言している。神が宇宙を創造したとき、物質に運動を与えたと考えたのである。デカルトにとっても、運動論は神の意図を読み解く試みの域を抜け出てはいなかった。

ホイヘンス　一六九〇年
『光についての論考』

『哲学原理』に先立つ一六三七年、デカルトは『屈折光学』、『気象学』、『幾何学』を同時に発表している。これら三作をまとめる際に序論として書いたのが、「我思う、ゆえに我あり」の有名な一文で知られる『方法序説』である。『屈折光学』と並んで『気象学』の中でも、虹の発生に関する考察がなされており、デカルトが光の研究についても関心をもっていたことがうかがえる。

それから半世紀後の一六九〇年、光の本性を論じる重要な著作が刊行された。オランダのホイヘンスの手になる『光についての論考』がそれである。今日、光には波動としての性質と粒子としての性質の二面性があることが知られているが、このうち、波動性に初めて言及したのがホイヘンスである。彼は『光についての論考』の中で、音とのアナロジーを用いて次のように論じている（以下、引用は『科学の名著・ホイヘンス』安藤正人訳、朝日出版による）。

音は、目に見えず手に触れることもできない物体である空気を介して、音源から四方に、空気中の一点から次の一点へと継起的に進む運動によって拡がっていくことを我々は知っている。また、この運動はすべての方向に等しい速さで拡がるので、球面のような形を成すはずであり、この球面が膨張し続け、やがて我々の耳を打つに至ることも知っている。さて、光が発光体から我々のところまで到達するのもまた、この両者間に存在する物質に引き起こされた何らかの運動によってであることは疑う余地がない。〔中略〕光がその進行に時間を要するとすれば、物質に引き起こされるこの運動は継起的であり、したがってそれは音の運動と同様に球面ないしは球状波面として拡がることになるであろう。私はそれを波面と呼ぶのは、水の中に石を投げ入れたときに見られる円い継起的な拡がりを見せるあの波に似ているからである。

音が空気の振動であるように、光もまた何かを媒質としてその中を伝搬する波であるとホイヘンスは述べている。ただし、それは空気とは別のものとみなした。なぜなら、空気を抜いたガラス容器に入れた鈴を鳴らしても音は聞こえないが、光はそこを通り抜けてくるからである。そこで、ホイヘンスは「エーテル」という仮想媒質を想定し、光はエーテルを構成する隣接した粒子が相次いで衝突することにより、波となって拡がっていくと考えた。そして、光の伝わる速度が音速に比べ、桁違いに大きいことから、このエーテルなる媒質は硬い弾性を備えたものと解釈された。

一九世紀に入ると、イギリスのヤングやフランスのフレネル、ドイツのキルヒホフらによって、光の波動論が確立されていくが、ホイヘンスの研究はその基礎を築いたといえる。次章で採り上げるニュートンの『光学』（一七〇四年）とホイヘンスの著書によって、光の研究は近代科学の域に達したのである。

ただし、光の伝搬を説明するうえでホイヘンスが導入したエーテルの存在は一九〇五年、アインシュタインの論文「運動物体の電気力学について」（特殊相対性理論）の中で、完全に否定される運命にある。また、さきほど触れたように、光には波と粒子の二面性が付与されていることが知られているが、こうした光の新しい描像もアインシュタインが一九〇五年に発表した論文「光の発生と変換に関する発見法的視点について」（光量子仮説）を通して提唱されることになる。

ホイヘンス、ニュートンの時代から二世紀後、光の研究に再び〝科学革命〟が起きるのである。

ニュートン　一六八七年
『プリンキピア』

さて、一六世紀から一七世紀にかけて起きた科学革命の掉尾《とうび》を飾るのは、一六八七年にニュートンが著した『プリンキピア』（『自然哲学の数学的原理』）である（邦訳は中野猿人訳・注、講談社がある。なお、タイトルは『プリンシピア』となっている。以下、引用は同書による）。

『プリンキピア』は三編からなるが、本論の前に「公理あるいは運動の法則」の項が設けられ、今日、教科書でおなじみの運動の三法則が提示されている。その第一法則として、デカルトが『哲学原理』で述べた慣性の法則があげられている。第二法則は「運動変化は加えられた動力に比例し、かつその力が働いた直線の方向に沿って行われる」と表現されている。今日では、これはニュートンの運動方程式として知られる微分方程式によって記述されている。そして、第三法則が作用反作用の法則である。

続く本論は「物体の運動」、「抵抗を及ぼす媒質内での物体の運動」、「世界体系」の三編から構成されている。〝リンゴのエピソード〟で知られる重力の法則は第一編で導き出されており、ケプラーが見い出した惑星運動に関する三つの法則の証明もここで行われている。

第二編では、デカルトが提唱した「渦動宇宙論」を否定する論陣が張られている。デカルトは『哲学原理』の中で、宇宙には円環運動（渦巻）を行う媒質が充満しており、惑星はその渦にのって太陽の周りをまわっていると述べていた。直感的にイメージしやすいことから、渦動宇宙論は広く受け入れられていた。これに対し、ニュートンは惑星を渦にのせてもケプラーの法則に従う運動は生じないことを示し、宇宙に充満すると仮定された媒質の存在を否定したのである。

最後の第三編では、重力に支配される運動の諸現象が論じられている。そこには「哲学における推理の規則」という章が設けられており、次のような一文がある。

同じ自然の結果に対しては、できるだけ同じ原因をあてがわなければならない。たとえば、人間における呼吸と獣類における呼吸。ヨーロッパにおける石の落下とアメリカにおける石の落下。台所の火の光と太陽の光。地球における光の反射と諸惑星における光の反射のように。

現代の我々が読むと、当たり前のことをいっているだけではないかと思われるかもしれない。しかし、一七世紀という時代を考えると、ニュートンがわざわざこういう指摘をしているのは意味があった。一見バラバラに見える個別の現象の中から帰納的に同じ原因を探り出し、それによって普遍性のある法則が確立されることの重要性——これは近代科学の要諦といえる——を、ニュートンは強調したのである。続いて、こう述べられている。

もし実験および天文観測により、地球の周りのすべての物体が地球に向かって引かれ、かつそれがそれぞれの質量に比例すること、また月も同じくその質量に従って地球の方へ引かれること、また一方においては、海が月の方へ引かれること、またすべての惑星が互いに引き合うこと、また彗星《すいせい》も太陽に向かって同様に引かれること、これらのことが普遍的に明らかになったならば、本規則の結果として、物体という物体がすべて相互引力の素因を付与されていることを普遍的に認めなければならない。

地上の物体の落下――〝リンゴのエピソード〟はここに当てはまる――も、潮汐《ちょうせき》現象も天上界における月や惑星、彗星の運動もすべて、それを引き起こしているのは重力という一つの普遍的な素因に還元されるというわけである（その意味で、重力を「万有引力」といい表す日本語は的を射ている）。

このように、自然現象の中に普遍性を見い出し、それを法則にまとめ、その法則を用いて諸現象を演繹《えんえき》的に説明するという近代科学の雛形《ひながた》が出来上がっていくのである。

ところで、ニュートンは一七一三年に出版した『プリンキピア』の第二版の巻末に、「一般注」という項目を付け加えている。

その中で、ニュートンは天空と地上の諸現象を重力に基づいて説明してきたが、重力の原因を発見することはできなかったと断っている。そして、この点について次のように述べている。

我々にとっては、重力が実際に存在し、かつ我々がこれまでに説明してきた諸法則に従って作用し、かつ天体と我々の（地球上の）海のあらゆる運動を説明するのに大いに役立つならば、それで十分である。

この一文から、合理主義的なニュートンの姿勢がうかがえる。重力がなぜ働くのかと問われても、その究極の原因はわからないと、開き直りとも取れる発言をニュートンはしている。しかし、とりあえずは、それでもいいのではないかというわけである。つまり、原因は明らかにされなくとも、重力が働くと考え、それによって、どのような運動が起きるのかを記述できるのであれば十分であるとしたのである。〝なぜ〟（Ｗｈｙ？）に対する答えよりも、〝どのような〟（Ｈｏｗ？）に対する答えを優先させたといえる。

さて、「一般注」の中でもう一つ、ぜひとも触れておきたいのは、神の存在について言及されている箇所である。たとえば、次のような一節がある。

太陽、惑星および彗星という、このまことに壮麗な体系は、叡智《えいち》と力とにみちた神の深慮と支配とから生まれたものでなくてほかにありえようはずがない。〔中略〕また諸恒星の諸体系がそれらの引力によって相互に落下し合うことのないように、神はそれらの体系を相互に茫漠《ぼうばく》として果てしない隔たりに置かれたのである。

この（全智全能の）神は、世の霊としてではなく万物の主としてすべてを統治する。

『プリンキピア』はニュートン力学の礎を築き、近代科学の規範とみなされる大著と目されている。その書物の中に、これだけ神という言葉が何回も繰り返し出てくる。もう一か所、引用しておこう。

神は仮想的にだけ遍在するのではなくて、実体的にも遍在するのである。なぜならば、実体なしでは効能は保てないからである。〔中略〕至高の神が必ず存在すべきことはすべてによって認められており、また同じ必然性によって彼はいつ、いかなるところにも存在する。

これを読んで、現代の我々はどう感じるであろうか。はたしてこれが力学の本の一節かと、訝《いぶ》かしさを覚えるのではないだろうか。

アインシュタインがよく神を引き合いに出して、物理学を語っていたことが知られている。たとえば、「神はサイコロ遊びをしない」という表現を用いて、量子力学の確率的解釈に反論した話は有名である。ただし、アインシュタインの場合、それはいずれもレトリックであった。

これに対し、引用文からもわかるように、ニュートンはレトリックとして神をもち出しているのではなく、神は宇宙に実体として遍《あまね》く存在すると明言している。恒星どうしが重力の作用で衝突しないように、神はあらかじめ、それらの間に茫漠として果てしない隔たりを設けたと書いている。

しかし、重力は距離の二乗に逆比例して弱くなってはいくが、0になり、作用が完全に消失してしまうことはない。したがって、恒星どうしの距離をどれほど茫漠としようとも、両者は互いに引き合い、いつかは――それこそ茫漠たる長い時間の先にはなろうが――衝突してしまう。力学に則ればそうなることは、もちろん、ニュートンはわかっていたはずである。

わかっていたからこそ、宇宙を壊さずに未来永劫《えいごう》、安定に保つには、重力を超えた神の存在と支配を必要としたのであろう。

今日、物理学の教科書には、『プリンキピア』に提示された運動法則や重力の法則が必ず載っている。また、それを使って解かれる演習問題も並んでいる。しかし、どのページを見ても、ニュートンが強調したような宇宙に遍在する神については一言も触れられていない。ニュートン亡き後、力学が進歩するにつれ、神はその影を薄くしていったのである。

ここから、現代の常識をそのまま力学に現れるニュートンの自然観に当てはめてはならないことを『プリンキピア』は教えてくれている。同じ重力の法則を見ても、そこには四〇〇年の時代の差が厳然として存在するのである。

もう一つ、『プリンキピア』を読んで不思議に感じるのは、全編を通し、運動現象の記述が図形を描きながら幾何学を用いて行われていることである。何が不思議なのかというと、『プリンキピア』を執筆している時点で、ニュートンはすでに微積分法を発見していたからである。

運動とは時間に対する位置の連続的な変化であり、それを扱うには微積分法が適している。これに対し、幾何学は——中学校の数学の授業を思い出してもらえばわかるように——、固定された二点間の距離や土地の面積、立体図形の体積など、変化のない対象を計算するには有効であるが、変化を記述するのには本来適していない。したがって、微積分を使ってニュートン力学を勉強した現代の我々からみると、『プリンキピア』の説明の仕方はなんともまどろっこしい。

そうなると、ニュートンはせっかく微積分法を発明したにもかかわらず、なぜ、その便利な数学を使わず、幾何学で押し通したのであろうかという疑問が生じてくる。

この問題について、ニュートンはまず、微積分を使って計算を行い、その結果を当時の人にわかりやすいよう、幾何学の言葉に置き換えたのではないかと従来、推察されてきた。

これに対し異説を唱えたのが、アメリカのノーベル賞物理学者チャンドラセカールである（一九八三年、「星の進化と構造に関する物理的過程の研究」で受賞）。チャンドラセカールは一九九五年、『プリンキピア』を現代風に微積分の言葉に〝翻訳〟した書物を出版している（邦訳は『チャンドラセカールの「プリンキピア」講義』中村誠太郎監訳、講談社）。

その中で、チャンドラセカールは物理的、幾何学的洞察力にすぐれていたニュートンは『プリンキピア』の各命題の証明が一気に頭の中に浮かんだのではないかと推測している。したがって、微積分法に頼らずとも、初めから、幾何学の作図だけで論理を展開することは、ニュートンにとってごく自然であったのだろうというわけである。

少し補足すると、ニュートンがケンブリッジ大学トリニティ・カレッジで教えを受けたバローは、ユークリッドの『幾何学原論』の縮約版を作り、『幾何学講義』の著書もある数学者である。こういう師から受けた影響も考えると、ニュートンのような直感力に長けた天才には馴れ親しんだ幾何を駆使して、運動の瞬間、瞬間を一枚の図に切り取りながら、力学を組み立てていくことは苦もなく可能だったのかもしれない。

さきほど、神についてニュートンが論じていた点に触れたとき、現代の常識とニュートンの自然観には四〇〇年の時代の差が厳然として存在すると書いた。幾何学で語られた『プリンキピア』とその内容を微積分の言葉に翻訳したノーベル賞物理学者の現代版『プリンキピア』を読み比べてみれば、その差はさらに鮮明に浮かび上がってくるものと思われる。

COLUMN

フック　一六六五年
『ミクログラフィア』

私は大学で科学史の講義を行っていたとき、折々のテーマに該当する原書が大学図書館に所蔵されている場合は、それを教室で回覧し、学生たちに現物を見てもらっていた。原書に触れる経験を通し、臨場感をもって歴史に親しんでもらおうと思ったからである。

そういう意図で紹介した数々の本の中で、学生たちがひときわ関心を示した一冊にフックが一六六五年に著した『ミクログラフィア』(Micrographia)がある。この中には、顕微鏡による微小な対象の精密な観察画が多数、掲載されている。とにかくどの画もインパクトが強烈で、見ていて飽きない（現代の我々でも魅入られてしまうのであるから、当時の人々の驚きや興奮はさぞやと思われる）。

わけても目を引くのが、各種の昆虫である。特大級のサイズに拡大された巨大なノミの観察画を見ると、眼、口吻《こうふん》、肢、体節、体毛などが見事なほど緻密に描かれており、そのリアルさには圧倒される。ノミの小さな単眼からは表情のようなものすら感じられる。他にも仮面ライダーの顔を思わせる蠅《はえ》の密集した複眼、甲冑《かっちゅう》をまとった兵士のように見えるシラミ、羽衣《はごろも》をはおった天女の姿を彷彿《ほうふつ》とさせる白い優美な姿の蛾《が》、怪獣モスラそっくりなボウフラなどが、次々と目に飛び込んでくる。

『ミクログラフィア』は大判の書物であり、観察画の一枚一枚も大きいため、そのぶん、視覚に訴える迫力がとにかくすごい。また、それぞれの画に添えられたフックの解説も面白い。たとえば、ノミの前肢と後肢の構造、仕組みを詳しく記述し、そこからノミの驚異的な跳躍力を読み解こうとしている。フックは「この小さな被造物の強靱《きょうじん》さと美しさ」という表現をしているが、生物の体と機能に造物主（神）ならではの技を見たのである。

近代科学は望遠鏡を用いて宇宙の新しい扉を開くとともに、顕微鏡のもとでミクロの世界の探訪にも乗り出したのである。

2章

プリズムと電気と技術の発展

（一八世紀）

ニュートン　一七〇四年
『光学』

ケンブリッジ大学トリニティ・カレッジの礼拝堂には、ガラスのプリズムを手にしたニュートンの立像が飾られている。科学者の像や肖像画を見ると、その人物の業績にゆかりの深い小道具が添えられることが多いが、ニュートンはなぜ、リンゴならぬプリズムをにぎって礼拝者を迎えているのであろうか。

1章で述べたように、ニュートンといえばまずは、『プリンキピア』による力学の構築と、微積分法の発見が思い浮かぶ。いずれも、理論的な研究である。ところが、ニュートンが研究者として学界にデビューしたのは、力学でも数学でもなく、光学の分野においてであった。しかも、その業績は理論ではなく実験によるものであった（反射式望遠鏡を考案したのも、ニュートンである）。

一六七二年、ニュートンはロンドン王立協会の機関誌『フィロソフィカル・トランザクションズ』に「光と色の新理論」と題する論文を発表している（これは公表されたニュートンの最初の論文になる）。その冒頭にはこうある（"Isaac Newton's Papers and Letters on Natural Philosophy" ed. by B. Cohen, Harvard University Press, 1978より拙訳）。

一六六六年の初め――この頃、私は非球面の光学ガラスを磨くことに専念していた――、私は三角プリズムを手に入れ、それを使って、よく知られた色彩現象を試してみようと思った。そこで、部屋を暗くし、適量の太陽光が射し込むように窓板に小さな穴を開けた。そして、向かい側の壁に光が屈折して当たるようにプリズムを置いた。そうやって描き出された鮮やかな色彩を眺めるのは、当初、とても楽しいことであった。しかし、しばらくして、よく考えてみると、壁に現れた色彩の形が、一般に受け入れられている屈折法則に従って円形となるのではなく、細長く伸びているのは、奇異な話であった。〔中略〕色彩のスペクトルの長さは、その幅の約五倍にもなったのである。

ここでニュートンは三角プリズムを通過した太陽光が向かい側の壁につくり出す色彩の形が、当時、考えられていた円ではなく、細長い帯状を成していることに疑問を抱いた。この疑問が、天動説と同様、古代、中世を通じて受け入れられていた、アリストテレスの「光の変容説」を覆すきっかけとなったのである。

この説に従うと、太陽光は白色光であり、混じりけのない純粋なものとみなされていた。そして、色はこの白色光と物質がもつ〝闇〟という要素が混じり合うことによって生じ、赤、青、緑といった色の違いは両者の混合比で決まると解釈されていた。

ところが、プリズムを通過した太陽光が細長い色彩の帯をつくることから、ニュートンはそれは混じりけのない純粋なものではなく、逆に、いろいろな色の光線が混じり合ったものではないかと考えるようになった。そこで、ニュートンはプリズムを組み合わせた光学実験を重ね、光の変容説を完全に否定したのである。その一連の研究は、一七〇四年、『光学』としてまとめられた。礼拝堂に立つニュートンの像がプリズムをもっている所以《ゆえん》は、ここにある。

さて、『光学』の冒頭でニュートンはこの本を著した意図を次のように述べている（以下、引用は島尾永康訳、岩波文庫より）。

私の意図は、光の諸性質を仮説によって説明するのではなくて、理論と実験によって提案し、証明することである。

近代科学が誕生した最大の要因は、ニュートンが語るように、実験という汎用性の高い研究方法を確立したことにある。それまでは、目に映る現象をただそのまま手を加えずに、思弁的に解釈していただけであった。アリストテレスの運動論も光の変容説も、その産物といえる。

こうした自然に対するアプローチの仕方に大きな転機をもたらしたのは、1章で紹介したガリレオの落体の法則を証明する実験であった。ただあるがままに自然を眺めて、あれこれ論じるのではなく、ガリレオは滑らかな斜面と金属球を組み合わせることにより、空気抵抗や摩擦といった落下現象の阻害要因を排除して、法則を証明するのに成功したわけである。それは同時に、実験という有効性の高い方法の発見でもあった。

プリズムを通して太陽光を色ごとに分散させたニュートンのやり方も、まさに実験の有効性を示すものであった。『光学』を読むと、いくつもの実験を重ねることにより、光の変容説が徐々に崩れていく過程がよくわかり、そのストーリー展開には物語のような面白さがある。

ところで、ホイヘンスが光を媒質を伝わる波動と考えたことは1章で述べたが、ニュートンは「光の射線とは光の最小粒子である」と考え、その本性を『光学』の中でこう記している。

光の射線は発火物質から放出される微小な物質ではないか。なぜなら、このような物質は一様な媒質の中を直線的に進み、影の方へ曲がらないからである。それが光の射線の本性である。

そして、ニュートンは光の射線を成す微小物質、つまり粒子の大きさが色に対応すると考えた。最小サイズは紫で、プリズムに入るともっとも大きく進路を曲げるので、屈折率は最大になる。以下、青、緑、黄、赤と移るにつれ、射線の粒子は大きくなるため、進路は曲がりにくくなり、屈折率は小さくなるというのである。プリズムを通過した太陽光が分散され、向かいの壁に細長い色分けされた帯ができるのはそのためであると、ニュートンは考えたわけである。

白色である太陽光の中に混在していた、各色の粒子の大きさと曲がり具合（屈折率の大小）を対応させる解釈は実験結果に基づいたものであるが、そこには多分に力学的な発想がうかがえる。

このようなわけで、必ずしも断定的なもののいい方はされていないものの、ニュートンは光の本性を粒子として捉えていたとみなされるようになり、その後、一九世紀に入るまで、ホイヘンスが唱えた波動説とニュートンの粒子説が併存していくことになる。

なお、光と色に関する身近な例として虹があげられるが、ニュートンはこの美しい気象現象にも注目し、空気中の水滴に入射した太陽光が色ごとの屈折率の違いに応じて分散され、それが虹となって見えると説明している。

以上見てきたように、ニュートンは力学や微積分法の研究においては理論家として、一方、光学の分野では実験家として歴史に名前を刻んだことがわかる。そして、『光学』の中で、自然の謎を解明するには、理論と実験という二つのアプローチの仕方が有効であると指摘していた。

実際、その後、物理学はこの二つの方法をいわば車の両輪のようにして進歩していくのである。さらに、物理学が進歩するにつれ、一九世紀の後半あたりから、理論を専門とする者と実験を専門とする者の分業化が起こり始める。物理学の分野の細分化、高度化により、一人の人間が理論と実験の両方に熟達するのは至難の技となってきたからである。たとえば、アインシュタインは理論家、マリー・キュリーは実験家という具合に、どちらかに色分けされるようになる。

私は以前、『ノーベル賞でたどる物理の歴史』（丸善出版）という小著を上梓《じょうし》した。一九〇一年のレントゲン（X線の発見）から二〇一二年のワインランドとアロシュ（量子システムの計測と操作を可能にした実験手法の開発）まで、毎年の物理学賞受賞者の研究内容を年代順に解説した本である。それを書きながらあらためて、物理の世界では理論と実験の分業体制が完成していることを感じた（したがって、ガリレオやニュートンのような〝二刀流〟が現れたのは、彼らが天才であったことに加え、時代がまだ、近代科学の揺籃《ようらん》期にあったからであろう）。

ただし、何事にも例外はある。ノーベル賞を受賞するほど高度な研究を成し遂げてもなお、理論と実験の両方に精通した人物がいた。イタリアのフェルミ（一九三八年「新しい放射性元素の発見と核反応の研究」で受賞）とアメリカのバーディーン（一九五六年「半導体の研究とトランジスター効果の発見」と一九七二年「超伝導現象の理論」の二回受賞）の二人である。すごいという他はない。

はたして、これからも、理論と実験の両方でノーベル賞級の業績をあげる〝二刀流〟のスーパースターは現れるであろうか。

ヴォルテール　一七三四年
『哲学書簡』

さて、話を一八世紀に戻そう。ニュートンは一七二七年に亡くなるが、その後、天才の偉大な業績をヨーロッパ大陸に伝える宣伝役《プロパガンディスト》を精力的につとめたのが、フランスの啓蒙《けいもう》思想家ヴォルテールである。

ヴォルテールは一七二六年から三年間、イギリスで亡命生活を送っている。ささいな諍《いさか》いがきっかけで、ある貴族と決闘騒ぎを起こし、国外追放となったからである。その間の体験をもとに、ヴォルテールはイギリスの世相、風俗、宗教、哲学、科学、文芸、演劇などについて、フランスとの対比を織りまぜながら綴《つづ》った『哲学書簡』を一七三四年に発表している。科学に関する話題では、ニュートンの重力理論を積極的に取り上げ、それがいかに優れているかを強調している。その一方、デカルトの渦動宇宙論はナンセンスと痛烈に批判している。

ヴォルテールがニュートンと彼の力学に心酔した様子は、次の一節にもよく現れている（以下、引用は林達雄訳、岩波文庫より）。

少し前のこと、さる有名な会の席上で、カエサル、アレキサンドロス、チムール、それにクロムウェルのうち、誰が一番偉い人物であるか、という黴《かび》の生えた大人気ない問題に口角泡を飛ばすということがあった。

ある人は、それは無論アイザック・ニュートンだ、と答えた。その人のいったのは正しい。なぜなら、もし真の偉大さというものが、天から強力な天才を授かりそれを用いて自他を啓発する点にあるとするならば、まず千年に一人と出ないようなニュートン氏ごとき人こそほんとうに偉人であるからだ。

「千年に一人」とはまあ、たいへんな絶賛ぶりである。そして、ちょうどイギリス滞在中にニュートンの死に遭遇したという偶然も、ヴォルテールがニュートンに対する関心を深める一因となったのかもしれない。ヴォルテールは天才の死をこう綴っている。

デカルト哲学体系の破壊者たる、この有名なるニュートン氏は、一七二七年三月に死んだ。彼は生前同国人から尊敬されて来たが、葬られたときもまるで臣下に恩恵を施した王のようであった。

ここからも、ヴォルテールがいかにニュートンに傾倒していたかが読み取れる。

さて、デカルトとニュートンとの比較であるが、ヴォルテールはユーモアとエスプリを感じさせる筆遣いで、こう語り始めている。

ロンドンに到着するフランス人は、他の諸事万端と同様、哲学においても勝手が大分違っていることに気がつく。彼は充実した世界を去って、今やそれが空虚であると見出す。パリでは微小物質の渦動から成る宇宙が見られるが、ロンドンではそういったものは何も見られない。我々の国では、月の圧力が満潮を引き起すのであるが、イギリス人の国では、海が月の方へ引力で引かれるのである。といったわけで、あなたが月は我々に満潮を与えているのだと考えるとき、この紳士方はそれは干潮であるのだと考えるのである。

別にドーバー海峡を渡ったからといって、見上げる宇宙の有り様や潮の干満現象に何か違いが生ずるはずもないのだが、諸事万端と同様——何かにつけ、フランス人とイギリス人は意見が対立しがちであることを、ヴォルテールはこのように揶揄《やゆ》している——、デカルトとニュートンでは宇宙の見方がまったく異なる（前者は充実、後者は空虚という具合に正反対）と述べている。

ここで「充実した世界」とは、1章で紹介したデカルトの渦動宇宙論を指している。その渦に押されて、惑星は太陽の周りを公転しているとする説である。これに対し、ニュートンは渦の存在を否定し、宇宙を空虚な空間と考えた。そして、空虚な空間を太陽の重力が伝わり、その作用のもとで惑星の運動（ケプラーの法則）を説明したのである。

さらに、ヴォルテールは英仏を代表する両大家の違いとして、こういう事例をあげている。

パリでは、あなた方は地球をメロンのような形をしたものに想像しておられるが、ロンドンでは、それは上下が扁平になっている。

ヴォルテールがいうメロンとは、縦長の回転楕円《だえん》体である（日本ではメロンは丸い形をしているが、当時のパリの市場で売られているメロンはラグビーボールを立てたような形をしていたのであろう）。つまり、赤道方向の半径より極方向の半径が長いということになる。デカルト説に従えば、地球は渦に押されながら太陽の周りをまわっているので、渦の圧力で極方向に伸びるというわけである。

1章でも触れたが、デカルトの渦動宇宙論は直感的にわかりやすく、イメージしやすい。しかし、そこには計算に裏打ちされた力学的な視点は欠落している。この点について、ヴォルテールは次のように手厳しく批判している。

デカルトの体系、これは彼以後説明を加えられまた大いに変えられて、あたかもこれらの現象にもっともらしい理由を与えているかのように見受けられた。そしてこの理由が簡単で誰にでもわかるだけに、いっそう真と見えていたのである。けれども哲学においては、わからない事柄についてと同様、あまりにたやすくわかると思えることについても気を許してはならない。

引用した最後の一文はなんとも辛辣で、ヴォルテールの毒舌家ぶりがよく現れている。

一方、ニュートンは『プリンキピア』の中で、遠心力の効果により、赤道方向の半径と極方向のそれの比は二三〇対二二九になると計算で示している。この数値は今日の測定値にかなり近い。大したものだと思う。

ところで、ニュートンは重力の原因、つまり空虚な宇宙空間を重力がなぜ伝わるのかという理由の説明を棚上げしてしまったことを1章で述べた。質量に比例し、距離の二乗に反比例する重力が働くとすれば、天上界から地上まで、いかなる運動が生じるのかを記述できるのであるから、それで十分ではないかという立場をニュートンはとっていた。これに対し、デカルト主義者たちは、「隠れた質」とでもいうべき、原因不明のものを持ち出して、諸現象を解明したかのような態度をとるニュートンのやり方は間違っていると攻撃したわけである。

こうした歴史上の論争について、ヴォルテールはニュートンの立場を支持し、こう記している。

渦動などこそ、一つの「隠れた質」と呼んでもいいものだ。なぜなら、そんなものの存在は決して証明されることがなかったから。

これに反して、引力は一つの実在するものである。というのは、そのもろもろの作用が証明され、そのもろもろの比例が計算されるから。この原因の原因、それは神の御胸のうちにある。

その後の科学の歩みを追ってみると、ヴォルテールの指摘は正しかったことがわかる。もし重力の原因の解明を第一義としていたら、物理学はニュートンの時代で止まってしまったかもしれないからである。それを棚上げしてでも、重力の作用を前提として運動の諸現象の記述につとめ、ニュートン力学の有効性を誇示したからこそ、物理学は今日まで進歩してきたといえる。

そういえば、1章で紹介した『チャンドラセカールの「プリンキピア」講義』(中村誠太郎監訳、講談社)の中に、ニュートンが書いた『プリンキピア』の「一般注」に関し、こういう一節がある。

三〇〇年を経た今日、これに何か付け加えることがあるとすれば、それは次の一言でしかない:〝重力の原因〟の探求は、今も続いている。

要するに、重力がなぜ働くのかという究極の原因は、現代の物理学をもってしてもわからないのである。必然的に人間の成し得ることは、〝いかに?〟の記述に限られることになる。

その〝いかに?〟という問題の好例の一つが、『哲学書簡』にある地球の形――デカルトのいう縦長かニュートンのいう上下が扁平《へんぺい》か――である。

この論争に決着をつけるため、一七三六年、フランスの数学者モーペルテュイが率いる遠征隊が北極圏のラップランドに向け出発した。彼らは極寒の地で一年をかけ、三角測量を遂行した結果、子午線（北極と南極を結ぶ大円）一度ぶんの距離がフランスでの測量値に比べ、北極に近づくほど長くなり、そこから地球はニュートンのいう扁平な回転楕円体であることを実証したのである。

なお、モーペルテュイ隊が出発する前年に、ブーゲとラ・コンダミーヌの一隊が赤道に近い南米ペルーに派遣された。彼らはアンデス山脈を踏破し、アマゾン川を下りながら測量を続けるという過酷な作業を強いられたため、帰国までに一〇年の歳月を費やしたが、彼らがもち帰ったデータを北極圏での測量を突き合わせると、ニュートンの扁平説の正しさは疑う余地のないものとなった。

こうして、デカルト説が否定される結果に終わったことはフランスにとってはいささか皮肉な話といえなくもないが、この時代、北極圏と大西洋を越えた南米に測量隊を送るという大事業――これはもう冒険《アドベンチャー》と形容できるであろう――を決行した科学アカデミー会員たちの真理を追究する情熱と努力には拍手を贈りたくなる。

なお、彼らの冒険譚《ぼうけんたん》は『地図を作った人びと』（J・N・ウィルフォード著、鈴木主税訳、河出書房新社）、『地球を測った男たち』（F・トリストラム著、喜多迅鷹他訳、リブロポート）に生き生きと描かれている。

ラ・メトリ　一七四七年
『人間機械論』

もう一度、デカルトに登場願うが、一六四八年に発表した『人間論』において、彼は呼吸、消化、排泄《はいせつ》、覚醒、睡眠といった人間の生理機能はすべて、完全に機械に置き換えられるとする論を展開した。つまり、人体は骨、神経、筋肉、内臓、動脈、静脈、脳などの部品で組み立てられた機械に他ならないと考えたのである。であるならば、機械の働きに当てはまる自然法則はそのまま、人体の機能にも適用できることになる。

ただし、デカルトは人間の精神だけは機械論の枠組みには収まらず、身体の構造とは別であるとする、二元論の立場をとっていた。すべてが機械論で説明のつく動物と、崇高な人間の違いはまさしくそこにあるとみなしたのである。

それからほぼ一世紀を経た一七四七年、フランスの医師ラ・メトリは『人間機械論』を著し、精神までをも含めて、人間は完全なる自動機械であると主張した。精神と身体を切り離して考えていたデカルトの二元論を、一元化しようとしたわけである。彼の言葉を紹介すると、次のような話になる（以下、引用は杉捷夫訳、岩波文庫より）。

人体は自らゼンマイを巻く機械であり、永久運動の生きた見本である。熱が消耗させるものを食物が補って行く。食物がなければ、魂は衰え、かっとなり、力が尽きて死ぬ。ロウソクが消えんとして、火影を増すごときものである。反対に肉体に栄養を与えてみたまえ、力のつく汁、強い酒を喉《のど》に流しこんでみたまえ、そうすれば、魂は酒と同じように強く立派になり、大した勇気で武装する。水をかけられても逃げだすような兵士が、勇猛無比《ゆうもうむひ》となり、太鼓の音に勇んで、欣然《きんぜん》として死に赴く。かくして冷たい水ならしずまる血を熱いお湯は湧き立たせる。

ラ・メトリの時代、飛行機も車もなかったが、たとえてみれば、機械を動かすのに必要なガソリンが人間を動かすのに必要な栄養のある食べ物や酒に相当するといっているわけである。さらに、そうしたものの補給は人体だけでなく、魂――これは精神と置き換えてもよかろう――にも作用するというのである。

精神活動の源は脳になるが、ラ・メトリはその点について次のように述べている。

一般に四足獣の脳髄の形ならびに構造は、人間の場合とほとんど同様である。至るところに同一の形態、同一の構造が発見される。ただし次の本質的な差異はもっている。すなわち、人間はすべての動物の中で、身体の体積に比例して最大の脳髄、もっとも襞《ひだ》の多い脳髄を持っているのであり、つぎにくるのが、猿、海狸、象、犬、狐、猫、等々の順である。

つまり、人間も動物も、脳の構造と役割は同じであるが、人間の場合、動物に比べ、体のサイズに対する脳の容積（脳重比）が大きく、ひだも多くなる。したがって、そのぶん、人間の精神活動は動物よりも複雑にはなるが、それは量的な差に過ぎず、人間の脳も動物と同様、機械の一部品であり、精神を切り離して考える必要はないと、ラ・メトリは語っているわけである（なお、引用文中には「身体の体積に比例して最大の脳髄」とあるが、ここは脳重比のことをいっているのであるから、「比例して」ではなく、「比して」あるいは「比較して」とすべきであろう。また、「海狸」とはビーバーのことと思われる。ビーバーは海にはいないのだが）。

当時はまだ、生命現象は物理法則や化学法則では説明がつかないとする生気論の影響が強く残っていた。したがって、人間まで、しかもその精神活動までを物質（非生命）と同様、こうした自然法則を適用して、完全に唯物論の立場で説明できるとするラ・メトリの『人間機械論』は、斬新そのものであった。

この頃、機械職人たちによって、歯車やゼンマイを組み合わせた多彩な自動人形（からくり人形）がつくられていた。中でも有名なのは、フルートを吹く人形や動きまわり、餌をついばんだと伝えられるアヒルなどをつくった、フランスのヴォーカンソンという職人である。この人物を引き合いに出して、ラ・メトリはこう述べている。

ヴォーカンソンにとって、かれの「笛吹き」を作るには、「家鴨《あひる》」を作るよりもより多くの技術が必要であったとすれば、「話し手」を作るためにはさらにそれ以上のものを用いなければならなかったことは疑を容《い》れないのである。こうした機械はもはや今日では、なかんずく新しいプロメトイスの手にかかったならば不可能とみなすことはできない。

「プロメトイス」とは、粘土から人間を創ったとされる、ギリシャ神話の神プロメテウスである。そこで、新しいプロメテウスを高度に進歩した科学技術とみなせば、笛吹き人形やアヒルのレベルを超えた「話し手」つまり思考し、判断をする機械の可能性をラ・メトリは予測したと読み取れる。

ここで、1章で紹介したケプラーの『夢』を思い出していただきたい。ケプラーはガリレオが発見した月と地球の地形の類似性から、月にも動植物が生育し、人間並みの知性をもった月世界人が住んでいると夢想した。こうした夢想をさらに飛翔させた作品に、一六八六年、フランスのフォントネルが著した『世界の複数性についての対話』(赤木昭三訳、工作舎)がある。フォントネルは月世界人だけでなく、すべての恒星の周りには惑星が存在し、そこにも住民が暮らしている、つまり宇宙には複数の世界があると説いたのである。

月世界人の話はともかくとしても、現在、多くの系外惑星(太陽以外の恒星系に所属する惑星)が発見されるようになり、その中からは地球のように生命を育む環境を維持している可能性の高い星も選び出されている。現代科学はまさしく、フォントネルのいう複数世界の存在を確認すべく動き出しているのである。そう考えると、一八世紀に書かれた本の内容を突拍子もない妄想と片づけるわけにはいかないことがわかる。

ラ・メトリの新しいプロメテウスもまたしかりである。最近、何かと話題をさらう「AI」(人工知能)が、それを象徴している。囲碁、将棋ではもはや、機械が人間の能力を凌駕《りょうが》してしまっている。AIは人間の脳のメカニズムをまねた方法で盤面を読み、次の一手を判断しているわけである。

また、遺伝子工学の進歩は生命と物質の垣根を取り払いつつある。物理法則、化学法則が適用できるという点に関し、生命も物質と同等に扱えるからである。

ラ・メトリは『人間機械論』の終わりの箇所に、念を押すかのように、あらためてこう宣言している。「大胆に結論しようではないか。人間は機械である」。唯物論に貫徹されたラ・メトリの大胆な結論は、今、現代の科学技術によって実証されつつある。


ところで、ラ・メトリが注目したからくり人形を、近代ヨーロッパの思想史の観点から論じた興味深い一冊がある。『からくり人形の夢――人間・機械・近代ヨーロッパ』(竹下節子著、岩波書店)がそれである。

現代の我々から見ると、からくり人形は多分にアナクロニックなオカルトの世界に属するもののように受け取られるが、一八世紀においては、時代の最先端をいく技術であり、生命の秘密を垣間見ようとして生まれた疑似バイオテクノロジーであったと、この本は指摘している。そして、こう語られている。

今では錬金術や占星術なども非科学的でうさんくさいオカルトのように目に映るが、昔は科学の基盤であったわけで、化学や天文学はそこから分かれてきた。近代科学として脱皮できなかった部分がサブカルチャーやオカルトの中に残って今も続いているのだ。それが枝分かれする前は、人間の夢と畏れ、好奇心と探求心が渦巻く圧力鍋のようなテンションの高い魅力的な世界だったにちがいない。

からくり人形もまた、そうであったというわけである。

そういえば、一九世紀の前半、蒸気機関で作動する自動計算機の製作に挑んだイギリスの数学者バベッジも、少年時代、からくり人形の魅力に憑《つ》かれた一人であった。バベッジは自伝の中で、ロンドンの「マーリン機械博物館」を訪れたときの思い出を、懐かしそうに回想している（Charles Babbage “Passages from the Life of a Philosopher” ed. by M. Campbell-Kelly, Rutgers University Press & IEEE Press）。それを読むと、バベッジ少年が博物館で出会った二体の女性の自動人形に感動した思い出が綴られている。一体は貴婦人のような所作で優雅に歩き、もう一体はバレエダンサーで、人さし指にとまる小鳥は尾を振り、翼を羽ばたかせ、くちばしを開く細かい動作をしたという。

こうして、からくり人形に刺激を受けたバベッジは長じて、動作ではなく、計算という人間ならではの思考を代行する機械の試作に取り組んだのである。振り返れば、ここに今日のＡＩの芽があったのかもしれない。

フランクリン　一八一八年
『フランクリン自伝』

電気の研究が急速に進み、それに伴って電気と磁気の相関が明らかにされ、電磁気学という新しい領域が確立されるのは一九世紀に入ってからの話になる。そのきっかけは、一七九九年、イタリアのヴォルタが電池を発明したことである。これによって、一定の時間、継続して電流を安定して供給できるようになり、電気に関する実験のレパートリーが一気に拡大したのである。

電池の発明以前は、摩擦を利用して静電気を発生させ（この装置を起電機という）、それをライデンびんと呼ばれる蓄電器に貯め込んで実験を行うことが多かった。このライデンびんというのはガラスびんの表面に銀箔を貼り、ふたを通してびんに挿入した金属棒の先端から垂らした鎖を、びんの底の銀箔に接触させた構造をもつ装置である。そして、何か実験をしたいとき、ライデンびんに蓄えておいた電気を外に取り出すわけであるが、放電は一瞬の間に終わってしまうので――ここが電池との大きな違い――、可能な実験には限りがあった。

したがって、一八世紀を通して得られた電気に関する研究はまだ、断片的な知識の寄せ集めの域を出ていなかったが、その中で特筆すべき研究といえば、雷の正体を調べたフランクリンの凧《たこ》を用いた有名な実験であろう。

フランクリンは世界史の分野では一七七六年、アメリカの独立宣言を起草した政治家として知られる一方、科学史の分野では、独学で研鑽《けんさん》に励んだ実験家としても知られている。その半生は自らが筆を執った『フランクリン自伝』にまとめられている（この本はフランクリンが没してから二八年後の一八一八年に出版された。邦訳は松本慎一、西川正身訳、岩波文庫。以下、引用は同書による）。

さて、凧の実験であるが、そのきっかけはフランクリンがライデンびんに貯めた電気を放電させるとき生じる火花とパチパチという音が、稲妻と雷鳴のミニチュア版のように感じたことであった。そこで、一七五二年、フランクリンは先のとがった針金を取り付けた凧を雷雲めがけて揚げてみた。凧には長い絹糸が垂れ下がるように結びつけられており、糸の手元に近い端には金属の鍵がつけられていた。

雷の電気が針金を通して糸に流れると、糸の繊維が毛羽立って広がる様子が見て取れた。そして、手元の鍵に手を近づけると、ライデンびんからの放電と同様、火花が見られ、パチパチという音がしたのである。また、糸につけた鍵を通して、ライデンびんを充電することもできた。こうして集めた雷の電気は、摩擦によってライデンびんに蓄えた電気と同じさまざまな作用、現象を見せたのである。

そこで、フランクリンは雷と電気は同一であるとする論文をまとめ、ロンドン王立協会会員で旧知の間柄であったミチェル（イギリスの植物学者）に送ったのである。ところが、論文は王立協会の会員たちの前で紹介されたとき、まともな評価は受けなかった。そのときの反応を伝えるミチェルからの手紙によると、雷と電気の同一性を「専門家たちは一笑に付した」とフランクリンは『フランクリン自伝』の中で書いている。

その後の論文の運命について『フランクリン自伝』で詳しく綴《つづ》られているが、それが日の目をみるきっかけとなったのは、フランスの大博物学者ビュフォン伯爵の目にとまったことである。伯爵はダリバールという植物学者にフランクリンの論文をフランス語に翻訳させ、印刷したのである。それを読んだフランスの科学アカデミー会員の中から、フランクリンの説を支持する者が現れた。また彼の論文はさらにイタリア語、ドイツ語、ラテン語にも翻訳され、雷と電気の同一説は流布していった。

そして、今名前をあげたダリバールらがパリの郊外で、フランクリンが論文の中で記述した実験を行い、雷から電気を導くのに成功、これを機に、フランクリンの説は広く受け入れられるようになるのである。

遅ればせながら、ロンドンの王立協会も一笑に付した論文を再審査し、一七五六年、フランクリンを——当人が入会を申し出たわけでもないのに——王立協会会員に選出し、しかも、会費の支払いを免除するという異例のはからいをしたのである。こうした王立協会の対応について、フランクリンは「以前に私を軽視したのに対し十二分の償いをしてくれることになった」といささか皮肉まじりに、『フランクリン自伝』で語っている。

ところで、〝クレオパトラの鼻〟のたとえのように、歴史の〝ｉｆ〟を論じても意味がないことを承知のうえで敢《あ》えて書くと、フランクリンの論文がロンドンで一笑に付されたまま、ビュフォン伯爵の目にとまらなければ、その後の電気学の歴史はずいぶん変わっていたのではないかと思う。そこで、フランクリンにとってだけでなく電気学にとっても〝恩人〟に当たるビュフォンのプロフィールを簡単に見ておこう。

フランクリンが「フランスはもとよりヨーロッパに名高い、またその名声にふさわしい偉大な学者」と称えたとおり、ビュフォンはパリ王立植物園園長をつとめた、一八世紀を代表する博物学者である。

一七四九年、ビュフォンは『博物誌』の最初の三巻を出版している。この本は地球の起源から筆を起こし、人類を含む動物、植物、鉱物までを包括する自然界のあらゆる対象を地球史の中で記述しようと試みた壮大な構想のもとに執筆された。そして、ビュフォンの生前に三六巻が編まれ、没後に刊行された八巻を加えると、実に四四巻にも及ぶ大著となった。

ディドロとともに『百科全集』を編集したダランベールはその序論の中で、「『博物誌』の著者ビュフォンは、その名声が日ごとに増大している著作の中に、哲学的な主題に極めてふさわしく、また賢者の著作ではその著者の心の肖像となるべき、あの文体の高雅さと高貴とをふり注いだのである」（『百科全集――序論および代表項目――』桑原武夫訳編、岩波文庫）と、称賛の辞を述べている。

ダランベールが評したように、『博物誌』は典雅な文体で綴られた作品で、おびただしい数の動植物や鉱物の美しい図版が添えられていた。その際、ルイ一五世と親交があったビュフォンは近隣諸国の国王に標本の収集協力の要請をしただけでなく、在外公館、宣教師、船員、海外在住者などとの間にも広い情報網を築き、珍しい標本の提供を呼びかけたのである。

繰り返しになるが、危うくボツになるところであった論文が、これほどの大博物学者の目にとまったことは僥倖《ぎょうこう》であったといえるだろう。「偶然は、準備のできてない人は助けない」という、パスツールの言葉を思い出す。

なお、フランクリンの凧の実験自体は今日、よく知られてはいるものの、その科学史上の価値が十分、認識されているのかというと、その点はどうも怪しいようである。せっかく雷と摩擦によって起こした静電気が同一のものであると証明されたにもかかわらず、異なる方法で得られた電気がすべて同一のものか否かは一九世紀に入ってもまだ、科学者の間で意見が分かれるところだったからである。たとえば、電気分解の実験を駆使して多くのアルカリ金属元素を発見したデイヴィーですら、電気エイが出す動物電気と電池が供給する電気は異なるものと考えていたほどである。

この誤謬《ごびゅう》を正したのは、電磁誘導の発見（一八三一年）や電気分解の法則の発見（一八三三年）で知られる、かのファラデーである。一八三二年、ファラデーは摩擦電気、電池、電磁誘導、熱電気、電気エイや電気ウナギの動物電気など異なる発生源から得られる電気について、それらの磁気作用、熱作用、電気分解、火花放電、生理的な刺激などの効果を測定してみた。

その結果、「電気はその発生源によらず、すべて同じ性質を示す」という結論が導かれ、電気の同一性が証明されたのである（この実験はファラデーの電気実験を収録した“Experimental Researches in Electricity” Richard and John Edward Taylor に載っている）。

ニュートンが『プリンキピア』の中で「同じ自然の結果に対しては、できるだけ同じ原因をあてがわなければならない。たとえば、人間における呼吸と獣類における呼吸。……」と述べたことを、1章で触れておいた。これは科学が追究すべき普遍性の重要さを指摘しているわけであるが、ファラデーは電気に関し、それを明らかにしたわけである。

そう考えると、いわばファラデーの研究の先駆となったフランクリンの凧を用いた実験は、科学史の中でもっと重視されてしかるべきであると思われる。

ラヴォアジエ　一七八九年

『化学原論』

『博物誌』の著者ビュフォン伯爵は一七八八年、王立植物園の一室で八〇年の生涯を閉じた。葬儀はパリで執り行われ、華やかな葬列を多くの市民が見送ったと伝えられている。振り返ってみれば、旧体制《アンシャン・レジーム》最後の年に天寿を全うしたことはビュフォンにとって幸せであったといえる。翌一七八九年には、フランス革命が勃発したからである。

王立植物園の後任園長となったビアドゥリー侯爵は革命の最中、亡命を余儀なくされている。それでも、国外に逃れられただけ、まだ幸せといえた。ビュフォンの長男ジョルジュ＝ルイ＝マリーは一七九四年、断頭台で処刑されている。彼は刑場を取り囲む民衆に向かって「私はビュフォンだ！」と叫んだというが、威光はすでに過去のものとなっていた。

ルイ一六世、マリー・アントワネットをはじめとし、旧体制下で支配層や特権階級に属した多くの人々が断頭台の階段を昇らされているが、その酸鼻を極める状況が頂点に達したのは、革命裁判所が開設された一七九三年三月から翌九四年の七月までの時期であった。このわずか一年四か月ほどの間だけでも、頭を斬り落とされた人数は実に二三六二人にも及んだという（『パリの断頭台』B・レヴィ著、喜多迅鷹、喜多元子訳、法政大学出版局）。

ビュフォン伯爵も、もう少し寿命に恵まれていたら、この惨禍に巻き込まれていたであろう。そう考えると、旧体制の温もりに包まれたまま、大著を残して、革命の前年、身罷《みまか》ったビュフォンは幸せであったと、あらためて思う。

こうしたビュフォンとは対照的に人生の不運に見舞われたのが、化学が錬金術の残滓《ざんし》を払い落とし、近代科学としての体裁を整える基礎を築いたラヴォアジエである。一年余りの間に断頭台に送られた二三六二人の中には、この大化学者の名前もあったのである。

一七八九年、ラヴォアジエはそれまでに積み重ねてきた精密で定量的な実験の成果をまとめた『化学原論』を著している（邦訳は『ラヴワジエ』朝日出版社の中に、柴田和子訳で収められている）。なお、バスチーユ監獄の陥落を機にフランス革命の火の手が上がるのは、この書物の出版からわずか四か月後の七月一四日であった。パリを舞台に政治と化学の二つの革命が同時進行していくわけである。

ところで、高等学校の化学の教科書で取り上げられている重要項目の中に、「質量保存則」がある。化学反応という現象は一般に、反応の前後で物質がまったく異なる性質、形態に変化してしまう。てっとり早い話が、物を燃やすと灰になる。ところが、見た目の変化がどんなに激しくても、まったく変化しないものがある。それは質量である。もう少し詳しく書くと、化学反応の前後において、反応物の全質量と生成物の全質量は等しい、つまり質量は保存されることになる。

この法則のルーツに当たる記述が『化学原論』の中の何箇所かにおいて見られるが、たとえばラヴォアジエは実験結果に基づいて、こう述べている（以下、引用は前掲書より）。

あらゆる作用において、その前後での物質の量は等しく、その原質の性質も量も同じで、ただ（それらの原質の結合上の）変化と変異があるだけだということを、原理として仮定することができる。

ここでいう原質とは元素と同義であろう（ラヴォアジエは他にも単体という用語を使っている箇所もある）。そう読めば、よくわかる。反応前後で大きな変化が見られるのは、元素の結合の組合せが異なるからである。しかし、元素そのものに変化はなく、したがって、それらから構成される反応物と生成物の質量は変わらない（保存される）といっているわけである。

フランス革命の前年（一七八八年）、やはりパリでラグランジュが『解析力学』を出版している。この本の中でラグランジュは、力学的エネルギー保存則を導き出している（ただし、エネルギーという用語はまだ使われていないが）。現代風に翻訳すれば、物体の運動状態が変化しても、運動エネルギーと位置エネルギーは相互に変換するものの、両者の総和は変わらないということになる。

このように、目まぐるしい現象の変化の中にも決して変わらないものがあることに気がつくと、変化に惑わされずに現象を見通しやすくなる。そこに質量保存則の重要性があり、化学の分野でそれを成し遂げたのがラヴォアジエであった。

また、化学の重要な概念に元素があるが、それについてラヴォアジエは次のように述べている。まず、

化学における自然のさまざまな物体の諸実験は、それらを分解し、それら化合物を構成しているさまざまな物質を分離して吟味可能な状態にすることが目的である。

と断ったうえで、物質を分離して吟味可能な状態までもってきた対象をこう定義している。

単体とは化学分析で現実に到達し得る限界であり、私たちの知識の現状ではもはやそれ以上分解できないもののことである。

ここでいう単体とは元素に他ならない。そう置き換えると、ラヴォアジエの定義は現代の元素の概念にそのまま通じていることがわかる。たとえば、水は化学分析によって水素と酸素に分解できるので、水自体は元素ではなく化合物になる。これに対し、水素と酸素は化学分析によってそれ以上分解することはできない。つまり、物質を構成する要素としては限界となる。したがって、この二つは元素と定義されるわけである。

この他にも、ラヴォアジエは燃焼に関する旧説を覆して新しい理論を提唱し、実験によって呼吸

も燃焼の一形態であることを証明するなどの業績を通し、化学革命を先導したのである。

それにしても、これほどの大化学者がなぜまた、断頭台で処刑されねばならなかったのかというと、災いしたのは彼の本業であった。ラヴォアジエの正体は旧体制下における徴税請負人だったのである。

この徴税制度は一七世紀末、ルイ一四世の御代《みよ》に、財務総監の職にあったコルベールによって導入された。各種の間接税をわずかな人数の請負人が各地域ごとに、国家に代わって徴収するのである（その人数は革命前、全国で四〇人しかおらず、それだけ、彼らの権限は絶大であった）。そのやり方はというと、請負人は毎年、国家と取り決めた間接税額を前もって国庫に納入する代わりに、実際に徴収した税額の中から上乗せ分を受け取るのである。したがって、徴税業務は過酷になりがちであり、請負人たちは民衆から蛇蝎《だかつ》の如く嫌われていた。

そうした職務が祟《たた》り、恐怖政治が渦巻く一七九四年、ラヴォアジエは断頭台で五〇年の生涯を閉じたのである。処刑の前日、大化学者は獄中から妻に宛て手紙を送っている（引用は『一五〇通の最後の手紙』O・ブラン著、小宮正弘訳、朝日選書より）。

わたしはどうにか長い人生を送ってこられた、とりわけ、非常に幸せな人生を。そしてわたしは、わたしの思い出にはいくらかの栄光が伴うだろうと信じている。それ以上に何を望むことがあろうか？　わたしがとりつつまれているこの出来事は、たぶん、わたしに老年の不如意を免れさせてくれるだろう。わたしはとにかく死んでゆく。これはわたしがこれまで享受してきた数々の喜びに加えるべき、なお一つの喜びであろう。

切腹に臨む侍のような胆力が伝わってくる辞世の文《ふみ》である。これほどの胆力を生み出したのは、化学に革命を起こしたという自負だったような気がする。

ラヴォアジエの処刑を受けて、ラグランジュが天文学者のドランブルに向かって、こう嘆いたと伝えられている。「ラヴォアジエの頭を斬り落とすのは一瞬の出来事であるが、これほどの頭脳を得るには一世紀あっても足りない」。

アインシュタインが有名な「$E=mc^2$」の式（Eはエネルギー、mは質量、cは光速）を導き出し、質量保存則とエネルギー保存則を統一するのは、一九〇五年のことになる。ラグランジュが嘆いたとおり、それはラヴォアジエの死から一世紀余りの時間を要したのである。

ランフォード　一七九八年

「摩擦によって引き起こされる熱の源に関する研究」

一八世紀に近代科学の仲間入りを果たしつつあった分野の一つに、熱の研究がある。

当時、熱の正体は「カロリック」と呼ばれる質量をもたない流動性のある物質と考えられていた（こういう概念を不可秤量《ひょうりょう》物質という）。このカロリック説は、熱現象を説明するうえで少なくとも定性的には、かなり有効であった。

高温物体から低温物体への熱の流れとその結果、到達する熱平衡状態も、熱膨張も、潜熱や熱容量も、そして摩擦熱もすべて、カロリックの流入、流出で一応の解釈は可能であったのである。この定説に異を唱えたのは、アメリカからヨーロッパに渡ってきたランフォードである。

彼がカロリック説に疑問を抱くきっかけとなったのは、ミュンヘンの兵器工場で大砲の砲身をくり抜く作業に立ち合ったことであった。一七九八年、ロンドン王立協会の機関誌『フィロソフィカル・トランザクションズ』に発表した論文「摩擦によって引き起こされる熱の源に関する研究」の中で、ランフォードはこのときの体験を次のように述べている（以下、引用は『近代熱学論集』朝日出版社に収められた佐野正博訳より）。

最近、ミュンヘンにある軍の兵器工場の作業場で、大砲の穴を開ける仕事を指揮した。その時私は、真鍮《しんちゅう》の大砲に穴を開けると、大砲に極めて多くの熱量が短時間の間に発生するだけでなく、大砲から削り取られた金属屑《くず》がそれよりももっとすさまじい熱（実験してみたところでは沸騰した水の熱よりもずっと大きい熱であった）をもつようになる、ということに驚かされた。

砲身のくり抜き作業は円筒形の真鍮の中心軸の周りに、高速回転させた錐《きり》で穴を開けていくのであるが、砲身からだけでなく、金属の削り屑からも、あまりに多量の熱が湧き出ていることに、ランフォードは驚いたのである。そこで、ランフォードは砲身のミニチュア模型を使い、水中でくり抜きの実験を行ってみたところ、水が沸騰するほどの熱が生み出されることに気がついた。しかも、くり抜き作業を続けている間、熱はいくらでも無尽蔵に湧き出てくるのである。

カロリック説に従うと、摩擦によって物体が熱くなるのは、物体の中に含まれていたカロリックがこすり合わせるという機械的な圧力により、絞り出されるためと解釈されてきた。濡れたタオルを絞ると、水がしたたり落ちるというイメージである。しかし、そうだとすれば、物体の中に含まれていたカロリックがすべて絞り出されてしまえば、それ以上摩擦を続けても、もはや熱は発生しないはずである。ところが、ランフォードが目撃した現象はそうではなかった。

膨らむ疑問について、ランフォードはこう書いている。

機械操作において実際に発生する熱は、どこから来るのであろうか。その熱は、穴あけ器が金属のかたまりから削り取った金属の屑によって供給されるのであろうか。

もしそうだとすれば、潜熱やカロリックに関する現代の理論によると、屑となってしまった部分の金属の熱容量は、変化しなければならない。しかもその変化は、発生したすべての熱を説明できるほど十分に大きいものでなければならない。しかしそうした変化は生じない。

カロリック説に疑問をもったランフォードは、発生する熱の源は何かと新たな問題提起をしている。そして、砲身のくり抜きで生じた金属屑の熱容量が元の金属と変わらないことを確かめたうえで、次のような結論を導き出している。

孤立した物体や、物体系から無際限に供給し続けることができるものが、物質的実体であるはずはなく、したがって、熱は運動と考えるべきであろう。

ここに初めて、カロリックに代わり、現代の理解につながる熱の運動説が提示されたのである。ただし、この論文の中で、ランフォードは熱の原因である運動の力学的な仕組みまでは解明できなかったと断っている（熱もエネルギーの一種であり、物質を構成する粒子の運動エネルギーとして捉えられるようになるのは、熱力学が確立される一九世紀半ばである。それまでは、カロリック説と運動説が併存していくことになる)。

ところで、摩擦というのは日常身辺に起こり得る身近な現象である。それならば、カロリック説が強固なものとして定着する前に、誰かがランフォードと同じような疑問を抱いていてもよさそうに思うが、ここで鍵となるのは、長時間、高速回転を続けて穴をくり抜く作業である。産業革命が進む中、こうした工作機械が作られるようになったことが、熱の運動説につながったのである(日常、体験する程度の摩擦現象なら、発熱量はそれほど大きくないため、濡れたタオルを絞って水を出すといったアナロジーでわかったつもりになっていたのであろう)。

一九世紀に入ると、技術とのかかわりから科学の基礎理論が生まれ、一方において、基礎理論が応用されて技術の発展を促すという相互の結びつきが深まっていくが、旧説を葬り去ることになるランフォードの論文はその先例の一つとなったのである。

COLUMN

ニュートンのリンゴ

ヴォルテールは『哲学書簡』の中でニュートンの重力の法則について紹介するとき、あの歴史上有名なエピソードについて、こう触れている（引用は林達雄訳、岩波文庫より）。

一六六六年、ケンブリッジ近郊に引っ込んでいて、ある日、庭を散歩して果物が樹から落ちるのを見たとき、彼は、あらゆる哲学者たちがこんなに永い間その原因を究めようとしてその甲斐もなく、一方世間の人はそこに何かの不思議があるとさえ感づかない、この重力について深い冥想に引き込まれたのであった。

ヴォルテールは「果物」と書いているが、これは「リンゴが落ちるのを見て、ニュートンは重力の法則を発見した」と伝えられるエピソードが、すでに一七三八年には早くも知られていたことを物語っている。

では、このエピソード、どうやって生まれたのかというと、ニュートン自身が一七二六年四月一五日——この翌年、ニュートンは亡くなっている——、ロンドンのケンジントンにある私邸で、王立協会の若い会員ステュークリーに語っていたのである。このとき、二人は庭のリンゴの木陰で、お茶を飲みながら歓談していた。

するると突然、ニュートンは「昔、重力の考えが頭に浮かんだのも、ちょうどこんな状況においてであった」と、六〇年前、ウールスソープの実家で過ごしていた頃の思い出を、問わず語りに話し始めたのである（一六六六年当時、ペストの流行により、大学は閉鎖され、ニュートンは実家で過ごしていた）。「こんな状況」というのは、ニュートンが一人、リンゴの木陰で冥想に耽《ふけ》っていると、たまたま、リンゴが落ち、重力の考えが閃《ひら》めいたということである。

ステュークリーが一七五二年に書き残した『アイザック・ニュートン卿の生涯についての回想録』（William Stukeley "Memoirs of sir Isaac Newton's life"）の中に、この貴重なニュートンの回顧談が載っている。

このエピソードが早くから広く流布していたのは、宇宙の真理が身近な現象を目にした偶然がきっかけで発見された、という組合せの妙が面白いことに、大きな要因があるような気がする。その面白さもあって、ステュークリーの口から王立協会の会員など知識人たちの間に伝わり、さらにその話がヨーロッパ中、そして世界中に伝播していったのであろう。

歴史上の面白いエピソードにはフィクションも多いが、ニュートンのリンゴは実際に起きた、天才の若き日の出来事であったのである。

3章

神と悪魔とエネルギー

（一九世紀）

ラプラス　一八一四年
『確率についての哲学的試論』
デュ・ボア・レーモン　一八七二年
「自然認識の限界について」

もう半世紀も昔の思い出になるが、学部学生の頃、微分方程式の解法を勉強していたとき、ふと気がついたことがある。関数、多項式、演算子、運動方程式などには、フランスの数学者の名前を冠したものが圧倒的に多く、それらはいずれも、実にエレガントな形式美を備えているのである。しかも、彼らの多くが活躍した時期が、動乱のフランス革命をはさむ一八世紀後半から一九世紀初めに集中していることに驚いた（2章で登場した『解析力学』の著者、ラグランジュもその一人である）。

中でも際立って存在感の大きさを示した人物が、大数学者ラプラスである。ラプラスの代表作に『天体力学』全五巻（一七九九～一八二五年）がある。一八世紀を通して著しい発展を見せた解析学（微積分法）を駆使して、重力の法則に基づき力学的に、天体の運動を記述した大著である。

当時、重力の法則だけでは説明のつかない現象として、木星と土星の動きが知られていた。過去の観測データと比較すると、木星の運行は加速し（軌道は小さくなりつつあり）、土星のそれは減速している（軌道は大きくなりつつある）ことが指摘されていた。事態がこのまま進行すると、やがて太陽系は崩壊の危機を迎えることになる。

惑星の運動がケプラーの法則に従うことはニュートンによって証明されていたが、この場合、計算は太陽からの重力だけを考えて行われていた。しかし、実際には、惑星は太陽の影響だけでなく、微弱ではあるものの、他の惑星からの重力も受けている（惑星の中では相対的に質量の大きい木星と土星が、この微弱な影響を考慮するとき、重要になる）。

ところが、太陽に加えて他の惑星の重力も取り入れて計算を行おうとすると、特別な条件の場合を別にすれば、一般的に答えは得られなくなる。運動に関与する天体が三つ以上になると（これを多体問題という）、そのまま計算を実行して式を解くことは、原理的に不可能になるからである。

そこで、ラプラスは強い太陽の重力に微弱な惑星の重力を補正項として加え、近似計算を逐次行うことによって解にたどりつくという方法を考え出した（この計算方法を摂動論《せつどうろん》という）。そして、この計算法を木星と土星に適用したところ、二つの惑星は九〇〇年余りの周期で加速、減速（軌道の縮小と拡大）を繰り返すことが導き出された。つまり、木星も土星も平均運動は不変であり、太陽系は安定であることが証明されたのである。

これについてラプラスは『天体力学』の中で、こう述べている（引用は、広瀬秀雄著『天文学史の試み』誠文堂新光社より）。

惑星運動に現われる不等（軌道の攪乱《かくらん》）、特に周期が九〇〇年以上に達する木星と土星に関するものを説明した。この不等は、最初はその法則も原因も不明のまま、長い間重力理論では説明され得ないものとされていた。しかし、研究の結果、引力で説明できることがわかったので、今ではこの不等は、引力理論の正しいことを示す最も強力な証明の一つとされている。

ここまでやり遂げたラプラスの自信はたいへんなものであったと思う。それにしても、コンピュータもない時代に、軌道の変動周期が九〇〇年余りという値をよく算出したものだと驚嘆させられる。というよりも、現代のように腕力勝負で膨大な数値計算やシミュレーションが可能な便利な道具などなかった時代であったが故に、力学問題と関連しながら、微分方程式の研究が発展を遂げ、多くの成果が上げられたのであろう。

なお、ラプラスの死後の話になるが、一八四六年に海王星が発見される。この第八惑星発見のきっかけは、観測される天王星の軌道が計算値と一致しないことであった。そこでイギリスのアダムズとフランスのルヴェリエが独立に、その原因を未知の惑星の重力が働いているためと仮定し、ラプラスの摂動論を用いて、海王星の軌道を計算した。そして、彼らが予想した位置に件《くだん》の天体は発見されたのである。

このように、ラプラスの『天体力学』は運動方程式を立て、そこに初期条件を入れて計算をすれば、リンゴの落下や投げたボールの軌道と同じように、天体の動きを過去から未来にわたって決定できる（あるいは予知できる）ことを具体例をもって実証したのである。

そこから、一九世紀に、力学的決定論と呼ばれる自然観が生まれることになる。それが生まれる種をまいたのは、一八一四年にラプラスが著した『確率についての哲学的試論』である。

私が初めてこの本を手にとったときの印象を先に書いておくと、原理的にはという断りは確かにあったものの、ラプラスは力学の幻想、妄想に捉われていたのではないかと感じた。大数学者はそれだけ『天体力学』の成果に、自己陶酔していたとしか思われなかった。

ラプラスはまず、こう書いている（以下、引用は『世界の名著65・現代の科学Ⅰ』中央公論社に収められた、樋口順四郎訳による）。

物はそれを生ずる原因なしには存在し得ないという明白な法則に基づけば、現実の事象はそれに先立つ事象との間につながりをもっている。

ここで、ラプラスはその後に展開する論理の伏線を張っている。森羅万象には必ず因果関係があるといっているわけであるが、原因をそこに働く力と初期条件に、結果を運動方程式の解に置き換えれば、要するに、ラプラスは力学をもってすれば――原理的にはという但し書きはつくものの――、宇宙に生起するすべての出来事を決定できる（知ることができる）と考えたのである。実際、彼は次のように豪語している。

だから我々は宇宙の現状はその以前の状態の結果であり、ひきつづいて起こるものの原因であるとみなさなければならない。与えられた時点において自然を動かしているすべての力と、

> 自然を構成するすべての実在のそれぞれの状況を知っている英知が、なおその上にこれらの資料を解析するだけ広大な力をもつならば、同じ式の中に宇宙で最も大きな天体の運動も、また最も軽い原子の運動をも包括せしめるであろう。この英知にとっては不確かなものは何一つないし、未来も過去と同じように見とおせるであろう。

なんともすごいとかしかいいようのない、力学万能思想に立脚した——というか、どっぷり浸かった——自然観が生まれたものだと驚かされる。これほどの能力を有する〝英知〟を想定すると、この英知にとっては、宇宙のあらゆる出来事は過去から未来まで、すべてお見通しというわけである。何度も断っているとおり、原理的にはという話の上ではあるが、ラプラスはついに〝力学の化物〟のような仮想上の超知性を生み出したのである。

もちろん、そうはいっても、現実には人間の能力はこの英知から、はるか遠いところにある。その点について、ラプラスはこう述べている。

> 人間の精神が天文学の中に与えることのできた完全さの中に、この英知の未熟なスケッチを見ることができる。力学と幾何学とにおいて人間の精神が発見したものは、万有引力の発見に伴って同じ解析的な式の中に宇宙の体系の過去と未来との状態を包みこむことを可能にした。同じ方法を知識の別な対象に適用することによって、人間の精神は観測された現象を一般法則

から解明したり、与えられた状況の下では何が起こるかを予見できるようになった。真理の探究におけるこれらすべての努力が、我々がたったいま了解はしたものの永遠に限りなく遠いところにある英知に、我々を絶えず近づけてゆく。

人間を英知の〝未熟なスケッチ〟と見立てたところは、なかなか含蓄のある表現である。目下、人間に可能なことは天体の軌道を求めたり、地上の物体の運動を決定する程度のレベルに留まっている。それでも、英知と人間を隔てるものは、無数の実在の状況に関する情報の収集力とそれらについての運動方程式を解く計算力の差に過ぎない。そこで、努力を続ければ、つまり科学が進歩し続ければ、その差は少しずつ縮まり、人間は英知に近づいていくというのである。

しかし、今はまだ、人間は英知から限りなく遠いところにあり、すべての事象を決定的に見通すことはできないので、確率的に論ずるしかないというのが、ラプラスの主旨であった。

前述したように、これはもう幻想、妄想とでもいうしかないが、一九世紀に力学の力をここまで過信する思想が生まれたことは、それだけ力学の成果が人々に与えたインパクトが絶大であったことを物語っている。確かに、限られた範囲、条件下ではあるものの、人間は歴史上初めて、過去を正確に知り、未来を間違いなく予知できる能力を科学によって手に入れたのである。

今から見れば、大宇宙に向かって蟷螂《とうろう》の斧を振り上げるがごとき滑稽《こっけい》さを覚えるが、それもまた、科学の歩みの現実であった。そして、ラプラスが描いた英知は後に、〝ラプラスの悪魔〟と呼ばれるようになる。命名者はデュ・ボア・レーモンである。

一八七二年、ベルリン大学教授のデュ・ボア・レーモンはドイツ自然科学者医学者大会において、「自然認識の限界について」と題する講演を行った。レーモンは講演の冒頭で自然認識について、次のように語っている（以下、講演の論旨を『自然認識の限界について・宇宙の七つの謎』坂田徳男訳、岩波文庫に基づいて要約する）。

自然界の諸現象を、物質を構成する原子の中心力によって生じる運動に還元し、力学的に記述できれば、宇宙は自然科学的に認識されたことになる。つまり、ある時刻における世界の状態は、その前の状態に関する微分方程式（運動方程式）を解いて得られる直接の結果であり、世界は、この連鎖が限りなく続いている。したがって、我々が偶然と呼ぶ出来事も、実は、力学的にみれば必然に過ぎない。

これを読むと、レーモンはラプラスの自然観をそのまま踏襲していることがわかる。そして、こう続けている。

宇宙のすべての現象が微分方程式の体系によって表され、この体系から、宇宙にあるどんな原子のいかなる時刻の位置、運動方向、速度も知り得るという自然認識の段階を想定することは可能である。

自然認識のこの段階にあるのが、ラプラスが想定した〝英知〟(超知性)というわけである。そして、レーモンはこの英知を〝ラプラスの悪魔〟と呼び、次のような具体例を並べて、その能力を誇示している。心して、ご覧いただきたい。

天文学者が、過去において、いつ、どこで日蝕《につしょく》が観測されたかを、計算によって知ることができるように、ラプラスの悪魔は方程式を按配《あんばい》することによって、「鉄仮面」(ルイ一四世の時代、仮面をかぶせられ獄に投ぜられた謎の人物)と呼ばれる人が誰であったのか、また、どういう風に「プレジデント号」(一八四一年にニューヨークを出帆後、消息を断った汽船)が沈没したのかを、我々に告げることができるであろう。ちょうど、天文学者が何千年も先に、一つの彗星《すいせい》が再び現れる日を予言するように、ラプラスの悪魔はセントソフィア寺院(一四五三年に回教徒が占領するまで、ギリシアカトリックの寺院であった)に再び十字架が輝く日も、英国が最後の石灰を燃やし尽くす日も、方程式の中に読み取るであろう。

かかる悪魔には、我々の頭の髪もかぞえられ、一羽の雀《すずめ》も彼の知るところなくして、地に墜《お》ちることはないであろう。過去も未来も見通す予言者には、全宇宙はただ唯一の事実、一つの大きな現実に過ぎない。

いやはや、鉄仮面まで引き合いに出されては畏れ入るとしかいいようがない。これでは歴史学が力学に乗っ取られる事態になってしまう。科学の力をここまで過信、誤認すると、かくも狂信的な自然観が生まれるものなのであろうか。繰り返しになるが、見方を変えれば、力学的決定論が一九世紀の思想に及ぼした影響がいかに大きかったかが、よくわかる。

レーモンはラプラスの悪魔と人間の差を、ニュートンと未開の民族の差にたとえている（こうした例示にも、一九世紀という時代を感じる）。未開人がやがて文明の高い水準に達する可能性があるように、人間もいつかは悪魔に近づけるのかもしれないというわけである。そして、その近づく先が人間の自然認識の限界を指していると、レーモンは考えたのである。

余談になるが、「鉄仮面」の実在については、ヴォルテールが『ルイ一四世の世紀』（丸山熊雄訳、岩波文庫）の中で語っている。仮面をかぶりつづけた謎の人物は獄中にあっても、快適な寝起きができ、欲しいものは何でも与えられ、食事にはとびきりの佳酒嘉肴《かしゅかこう》が供せられ、司令官も彼の前では立ったままであったという。「この囚人は、おそらく、重要な人物だったろう」とヴォルテールは書いている。

その後、鉄仮面の正体については諸説入り乱れ、百家争鳴の様相を呈することになったが、謎は今も解かれていない。ここはやはり、ラプラスの悪魔にお出まし願うしかないのであろうか。

ラプラス『確率についての哲学的試論』
デュ・ボア・レーモン「自然認識の限界について」

カルノー　一八二四年
『火の動力についての考察』

フランス革命最中の一七九四年、パリに、公共事業中央学校という技術者養成機関が創設され、翌年、エコール・ポリテクニクと改称された。教授にはラグランジュ、ラプラス、モンジュ、フーリエといった数学者や、化学者のベルトレ、フルクロアなど科学史に名前を刻んだ人々が就任している（ラヴォアジエも断頭台に送られなければ、その一翼を担っていたであろう）。

エコール・ポリテクニクのカリキュラムは解析学（微積分法）の学習に力を入れ、基礎科学と応用技術を融合して修得できるよう工夫されていた。これは理工系の学問を体系化して教育する初の試みとなった。卒業生の中からは一九世紀科学の発展に貢献した多くの俊秀が輩出されているが、その一人に熱力学の基礎を築いたカルノーがいる。

当時、産業革命を牽引《けんいん》する装置として多用されていたのが蒸気機関である。蒸気機関が開発されてから、効率を高めるため、機械の改良や稼動方法の修正が重ねられてきたが、そうした作業はもっぱら機械職人の経験と勘によるところが大きかった。そこから、個人の経験や勘だけを頼りにするのではなく、熱機関（蒸気機関のように熱を機械的仕事に変換する装置）一般の効率を科学的に研究する必要が生じてきた。

その問題に取り組んだのがカルノーであり、研究成果は一八二四年、『火の動力についての考察』としてまとめられた。この本を執筆に至った動機をカルノーはこう述べている（以下、引用は『カルノー・熱機関の研究』広重徹訳・解説、みすず書房による）。

人力、畜力、水の落下、空気の流れ等によって動かされる機関などのように、熱から運動を得るのでない機関は機械学的な理論によって詳しく研究することができる。あらゆる場合を予見することができ、すべての可能な運動は、あらゆる状況に適用される一般原理に従う。このようなことこそ完全な理論の特徴である。火力機関については、明らかに、そのような理論が欠けている。

「水の落下、空気の流れ等によって動かされる機関」とは、たとえば水車や風車があげられる。これらは位置エネルギーと運動エネルギーの変換によって機械的な仕事をするわけである。一般的なエネルギー保存則が確立されるのはもう少し後のことになるが、力学的エネルギー保存則に限れば、2章で触れたように、すでにラグランジュによって導き出されていた（エネルギーという用語はまだつくられていなかったので、厳密にいえば、それに相当する概念ができていたということになるが）。

したがって、力学的エネルギー保存則を破るような〝永久機関〟をつくることは不可能であるとする一般原理が成り立つ。ところが、熱機関については、こうした研究が成されていないと、カルノーは指摘しているわけである。

そこで、カルノーは熱機関の効率が最大となる理想的な循環過程を提案した（これをカルノー・サイクルという）。これは等温膨張→断熱膨張→等温圧縮→断熱圧縮という四つのプロセスを経て、元の状態に戻る可逆サイクルである。ただし、現実には、機関が作動する間に、熱が外部へ散逸することを完全に防ぐことはできない。その意味で、カルノー・サイクルは効率の理論上の上限値を示しており、実際にはいかにそこに近づけるかという目標値となった。

カルノーは、もし提案したサイクルを上回る効率を得る装置が組み立てられたとしたら、〝永久機関〟になってしまうので、それはあり得ないと述べ、自説を論証している。

さて、『火の動力についての考察』の最後は次のように、含蓄のある一文で結ばれている。

燃料のもつ動力を実際にすべて利用しつくすというようなことは望めない。これになんとか近づこうとする試みも、それが他の重要な点を見過ごさせることになれば、かえって有害である。燃料の経済は、火力機関が満さねばならない条件の一つに過ぎない。多くの場合それは二次的なもので、しばしば機関の確実さ・堅牢《けんろう》さ・寿命・占める場所が小さいこと・建造のための費用、等々を優先させねばならない。おのおのの場合に、便利さと実現され得る経済性とを正しく評価し、もっとも重要なものを単に付随的なものから区別し、もっとも容易な方法によって最良の結果が達成されるように、それらを調和させること、これらを成し得る資質こそ、同胞の仕事を指導し、総合して、人々を何によらず有用な目的のために協力させるという任を負った人物に要求されるのである。

カルノーは理想的な熱機関の効率を達成する循環サイクルを提案したわけであるが、一方において、大切なことは、必ずしも効率の向上と経済性の追求だけではないと釘《くぎ》を刺している。それは熱機関の建造において「条件の一つに過ぎず、二次的なものである」と明言している。代わって、機関の確実さ、堅牢さなどを重視している。これは効率至上主義、経済至上主義――産業革命の最中、こうした風潮は強かったであろう――に陥るのではなく、安全性をまず第一に優先せよといっているのである。そして、あらゆる要件が調和するよう、総合的な判断を下すことが不可欠であると訴えている。

機関の安全性を説いたカルノーの言葉は一九世紀前半の産業革命だけでなく、むしろ現代の科学技術の〝暴走〟に対する警鐘にも聞こえる。すぐに思い浮かぶのは、二〇一一年三月、東日本大震災で起きた原子力発電所の事故である。当時、想定外という言い訳を何度も耳にしたが、それはカルノーのいう機関の確実さ、堅牢さを十分、優先させなかったツケであった。

『火の動力についての考察』は基礎科学の書であると同時に、科学技術の進歩が社会にもたらすさまざまな問題を考えさせる一冊になっているのである。

ダーウィン　一八三九年
『ビーグル号航海記』
ダーウィン　一八五九年
『種の起原』

一八三一年一二月二七日、二二歳の若き博物学者ダーウィンはイギリス海軍の軍艦「ビーグル号」に乗船、プリマスを出帆した。ビーグル号は太平洋を渡って南米大陸を周航、ガラパゴス諸島、ニュージーランド、オーストラリア、アフリカ大陸南岸を経由して、一八三六年一〇月二日、ファーマスに帰港した。五年近くに及ぶ大航海であった。

ダーウィンは祖父も父も裕福な医者であり、母の実家は有名な陶磁器製造のウェッジウッド家という有産階級の家庭に生まれた。父の後を継いで医者になるべくエディンバラ大学に入学するが、医学の勉強に関心がわかず、進路を牧師に変更、ケンブリッジ大学に入学する。ところが、ケンブリッジで興味を抱いたのは生物学や地質学であった。とりわけ、植物学教授のヘンスローの影響が大きかった。

折しも、南半球各所の測量とクロノメーターによる経緯度測定を目的に、ビーグル号が世界周航に向け、出帆するところであった。ダーウィンはヘンスローに背中を押され、艦長フィッツロイのはからいもあり、いわば便乗させてもらう形で、ビーグル号の一員となったのである。当初、父は乗船に反対していたが、息子の熱意に折れ、五年に及ぶ世界一周の費用を全額負担している。これも有産階級ならではの話といえる。

さて、ダーウィンは寄港した先々で行った動植物や地質の観察、現地人の特徴や風俗などをスケッチをまじえながら、日記形式で綴《つづ》った『ビーグル号航海記』を一八三九年に発表している。同書はダーウィンが一般の読者に興味を抱いてもらうことを意図して書いたと述べているとおり、学術書というよりも博物学者の紀行文という色彩が強く、面白い。

NHKに「ダーウィンが来た！」というテレビ番組がある。珍しい動物の不思議で驚くような形態や生態には興味をそそられるが、『ビーグル号航海記』はそれに通じる面白さがある。しかも時代は一九世紀前半、地球は今よりも未知の世界が大きかっただけに、当時の読者にとっては、我々が「ダーウィンが来た！」を楽しむ以上に好奇心をかきたてられたものと思う。

そして、なによりも『ビーグル号航海記』は全編を通し、ダーウィンのほとばしるような冒険心と情熱、新奇なものへの探究心が溢《あふ》れており、それがまた読者に伝わり、読み物としての興趣を高めている。

たとえば、ブラジルのバイアに寄港中の一八三二年二月二九日の日記にこんな一節がある（以下、引用は島地威雄訳、岩波文庫より）。

この日は楽しく過ごした。しかし生まれてはじめて、ひとりでブラジルの森林を逍遥《しょうよう》した博物学者の感じをあらわすのに、楽しくという言葉は弱すぎる。草のしなやかなこと、寄生植物の珍奇なこと、あらゆる花の美しさ、葉のつややかな緑、またとりわけて、植物が一般に豊饒《ほうじょう》なことは驚嘆でいっぱいになってしまった。極めて逆説的なほど、音と沈黙との混和が森の陰の暗い辺《あたり》にみちている。虫の音は極めて高く、海浜から数百ヤードのかなたに錨《いかり》を下ろした船にも聞こえたが、森の奥には静寂があらゆるものを支配していることを感じる。博物学を愛好する者にとっては、こんな日はまたと望みがたい深いよろこびを与える。数時間歩きまわって上陸地点に帰った。

どこかうきうきしたダーウィンの気持ちが伝わってくる。ここには具体的な動植物や地質に関する言及はないが、これから寄港する先々で、いったいどんな珍しいものに出会えるであろうかという期待感が文面に溢《あふ》れている。博物学者として〝宝の山〟を前にしたような幸福感に包まれていたのであろう。であればこそ、数々の宝の山の発掘を記述した『ビーグル号航海記』が面白くないはずはないのである。

ところで、ダーウィンが訪れた先で多くの固有種が生息する地が、ガラパゴス諸島である（岩波文庫では「群島」と表記されている）。一八三五年一〇月八日の日記には、こうある。

この群島の生物は特色が著しく、よく注意する価値がある。多くの生物はその土地固有のもので、他所にはどこにも見ないものである。島が異なれば、棲《す》む種類も変わっている。アメリカ大陸とは大洋の広い空間によって、五〇〇から六〇〇マイルまでの距離があるが、すべてアメリカの生物と著しい関係を示している。

このとき、ダーウィンが注目した多彩な生物の中で、よく知られているのはフィンチという鳥（岩波文庫では、「ひわ」と書かれている）とゾウガメであろう。

フィンチは多種あり、それらが四つのグループに分けられるが、いずれもガラパゴス諸島独特の鳥である。その分類は嘴《くちばし》の大きさと形によってなされていると、報告し、ダーウィンは次のような見解を述べている。

互いに類縁関係が近いこの一小群《グループ》の鳥の間に、こうした体の構造上の差別が順次に見られることは、この群島の鳥類が元来種類に乏しいことを考慮すれば、同一種類から変形して、異なった結果となったことを、実際に想像し得ると思う。

ここに、後に形を成してくる進化論の萌芽《ほうが》が見られる。

また、ゾウガメについては、各島ごとに固有の種がいることを、次のように述べている。

私はこの群島の博物について、最もすぐれて著しい特色をまだ挙げなかった。それはそれぞれの島に、それぞれ異なった生物の群が相当に多く棲んでいることである。副知事のロースン氏が、かめはおのおのの島によってそれぞれ異なっており、彼の面前にもって来れば、どの島のものか確かに判別すると断言したことで、私は初めてこの事実について注意した。

ここには、ゾウガメを例にガラパゴス諸島における固有種とその分布について、ダーウィンが強く関心をひかれたことが綴られており、これも進化論の形成へとつながる一つの重要な材料となったのである。

『ビーグル号航海記』の結びにダーウィンは「若い博物学者にとって、遠い国々に旅行するほど有益なものはない」、「道徳の見地からは、この旅行の効果は、快活な忍耐心を養わせ、我儘《わがまま》を去り、みずから進んで事を成す習慣と、あらゆる出来事に全力を尽くすことを教えるにちがいない」と述べ、科学のアドベンチャーへ船出することを奨《すす》めている。

さて、それから二〇年後の一八五九年、ダーウィンは進化論を世に問う『種の起原』を出版した。その序論には、こう記されている（引用は、堀伸夫訳、槇書店より）。

私は博物研究者として軍艦『ビーグル号』に乗っていたとき、南アメリカに棲んでいる生物の分布についての、およびこの大陸の現在の棲息物と過去の棲息物との地質学的関係についての、若干の事実に深い感銘を受けた。これらの事実は本書の後章において述べるが、これこそ種の起原に——われらの最大の哲学者の一人が神秘中の神秘と呼んだかの種の起原に——或る光明を投げかけるもののように思われた。帰国の後一八三七年に胸に浮かんだ考えは、このことに何らかの関係を有し得るあらゆる種類の事実を根気よく蒐集《しゅうしゅう》して熟考すれば、あるいはこの問題について何物かが得られるのではなかろうかということであった。

ニュートンの『プリンキピア』（一六八七年）はケプラーの法則に従う惑星運動の神秘を力学によって解き明かし、物理学は近代科学の要件を整えた最初の学問となった。続いて、近代科学の仲間入りを果たしたのが化学になる。ラヴォアジエの『化学原論』により、神秘的な営みの象徴であった錬金術が斬り捨てられ、化学的な方法での元素の変成を否定する新しい物質観が生まれたのである。そして、一八五九年、ダーウィンが「神秘中の神秘である種の起原に光明を投げかける」と告げた書が出版され、これを機に、生物学も近代科学としての歩みをたどり始めることになる。いずれも、神秘との決別がキーワードであった。

ただし、いずれの場合もそうであったように、神秘は一朝一夕に消え去ったわけではなかった。よく知られているように、『種の起原』が発表されると、ダーウィンの説は聖書の記述に反するものであるとして、宗教家から激しい批判を浴びた。一九世紀も後半に入ると、さすがに地動説を支持して宗教裁判にかけられ、書物が発禁処分を受けたガリレオのような事態にはならなかったもの

ダーウィン『ビーグル号航海記』
ダーウィン『種の起原』

の、宗教家の信仰心から発せられる執拗《しつよう》な攻撃には、ダーウィンも頭を痛めたことであろう。ではあったであろうが、一つの学説をめぐる宗教と科学との論争であれば、そもそも土俵が違うので、かわしようがあった。それよりもダーウィンが頭を痛めたのは、当時、イギリス科学の重鎮で〝一九世紀のニュートン〟とまで称えられた、大物理学者ケルヴィンからの批判であった。しかも、それは神学上の議論ではなく、物理学の論文を通しての進化論の否定であった。

私はこの論争について以前、『異貌の科学者』（丸善ライブラリー）という小著でかなり詳しく論じたことがある。そこで、今回はそのあらましを述べさせていただこうと思う。

熱力学の研究を行っていたケルヴィンは一八六三年（『種の起原』刊行の四年後）、「永続する地球の冷却について」と題する論文を発表した。ケルヴィンは初期の地球は高温の溶融状態にあり、それが徐々に冷却して、現在の地球が出来上がったと考えた。冷却は外側から宇宙空間に熱を放出しながら進行するので、地表付近は先に固まったが、地球の内部はまだ高温であり、中心部は初期の溶融状態が残っているというわけである。このように地球が冷却の一途をたどるという前提に立てば、必要な条件を設定して、地球の年齢、つまり高温の溶けた球体が現在の状態まで冷却するのに要する時間を計算することは、一九世紀後半の物理学で十分可能であった。

必要な条件とは、岩石の融点や熱伝導率、地球の内部へ向かうときの温度勾配（単位深度あたりの上昇温度）などであり、これらの量は実験や観測データをもとにして、地球を一様均質な球体とみなせば、およその値を算出できる。後は、それらの値を熱伝導方程式に代入し、計算を実行すればよい。

こうして、ケルヴィンがはじき出した地球の年齢はおよそ一億年（長くても四億年、短ければ二千万年）という〝若さ〟であった。

ケルヴィンの論文は冷却過程の前提も計算手順も特におかしなところはないように見えるのだが――大物理学者が書いた論文であるから、当然であろうが――、どこか恣意性が感じられるのである。換言すれば、ケルヴィンはある意図があって、敢《あ》えて地球の年齢を若く見せようとしたのではないかと読み取れる。その意図とはずばり、進化論の粉砕であった。

一八七一年、ケルヴィンはイギリス科学振興協会の講演で、「自然選択による種の起源の仮説が生物学における進化の正しい理論であるとは思えない」と語っている。さらにこう続けている。「すべての生物が、永続的に作用する唯一の創造者である神に依存していることを、我々に教えるのである」（『ダーウィンをめぐる人々』松永俊男著、朝日選書）。

ケルヴィンは動物の体の構造や機能が驚くほどみごとに造られているのは、神がデザインした証拠であると考え、ダーウィンの学説はそこに混乱を生じさせていると主張したのである。そして、地球の年齢が一億年程度とすれば、原始生命が人類まで進化することなどできるはずもないと、『種の起原』を斬って捨てようとした。

大物理学者からの物理学の論文に基づく攻撃に反論するには、しかるべき物理学上の根拠を示さなければならない。しかし、当然、思い当たる根拠はどこにもなかった。ダーウィンはケルヴィンの結論にどこか違和感を覚えながらも、頭を抱えるしかなかった。

ケルヴィンの講演が行われた翌一八七二年、『種の起原』の第六版が出版された。その中でダーウィンはケルヴィンの論文について、こう述べている（引用は、堀伸夫、堀大才訳、槇書店より。なお、ケルヴィンの本名はウィリアム・トムソンという。科学上の業績が認められ、彼は貴族〔男爵〕となり、ケルヴィン卿の名で呼ばれるようになった）。

我が惑星が凝固して以来の時間の経過は、仮想された生物の変化の総量に対して十分ではなかったというウィリアム・トムソン卿〔ケルヴィン〕の主張した異議は、おそらく今日までに提出された最も重大なものの一つであるが、私はただ次のことをいえるだけである。すなわち第一に、我々は種が年数で測ってどれくらいの速度で変化するかを知らないということ、そして第二に、多くの物理学者はまだ今日までのところ、我々が宇宙の構成や地球内部の構成について、安心してその過去の存続期間を推測できるほど十分に知っている、ということを認めようとはしていないということである。

悔しく歯がゆい思いをしても、ダーウィンの言い返せることは、せいぜいこの程度であり、反駁《はんばく》の明確な論拠は欠いたものであった。

事態が動くきっかけとなるのは、一八九六年、フランスのベクレルによる放射能の発見である（ダーウィンは一八八二年に亡くなっている）。やがて、放射性物質が放射線を出して崩壊していく過程で、多量の熱が発生することが明らかにされる。つまり、地球は内部に放射性物質という熱源を抱えていることになり、冷却の一途をたどったわけではなかったのである。

これによって、ケルヴィンが設けた計算の前提は崩れ、進化論を支持するかのように、地球の年齢は一気に伸びることになる。

力学が記述する世界から神を追放したのは、2章で触れたラプラスの『天体力学』であった。しかし、一九世紀後半においてもまだ、ケルヴィンほどの物理学者の生命観の中に、神は唯一の創造者として厳然と存在していたのである。現代の我々から見ると、あまりにもミスマッチの感を否めないが、それが科学史の興味深いところでもある。

ケルヴィンが『種の起原』に対してとった態度はあらためて、近代科学がキリスト教文化圏を土壌に生まれてきたという事実を思い起こさせるものであった。

ファラデー　一八六〇年　『力と物質』
ファラデー　一八六一年　『ロウソクの科学』

2章で、物理学では実験家と理論家の分業化がなされ、両方においてすぐれた業績を収める〝二刀流〟は稀有《けう》の存在となってしまったという話をした。こういう見方を援用すると、もう一つ別のタイプの〝二刀流〟で活躍した科学者がいる。その代表的な人物がファラデーである。

ファラデーは一九世紀の物理学、化学を牽引《けんいん》した実験家である。もし一九世紀にノーベル賞が制定されていればと仮定すると、私の勝手な想像であるが、ファラデーは少なくとも六回は受賞しているのではないかと思われるほど、歴史に残る発見を成し遂げている。ちなみにその内容はというと、「気体の液化」一八二三年、「電磁誘導の発見」一八三一年、「ファラデー効果の発見」と「反磁性の発見」一八四五年の以上四つで物理学賞、「ベンゼンの発見」一八二五年、「電気分解の法則の発見」一八三三年の二つで化学賞というのが、私が考えたファラデーの架空のノーベル賞である。

さて、さきほど、ファラデーは「別のタイプの〝二刀流〟」と書いたが、彼のもう一つ類いまれな一面は、〝科学のエンターテイナー〟としての才能である。ファラデーは第一級の研究者（実験家）であると同時に、巧みな話芸と工夫を凝らした演示実験《デモンストレーション》により、子供を含む一般の人々に科学を平易に語り、関心を喚起させる特異な能力をもっていたのである。

ここで敢《あ》えて、これを〝二刀流〟にたとえたのは、歴史上の人物を眺めてみても、科学に限らず研究者としては高い評価を受けながら、啓蒙《けいもう》活動や教育には不向きであった人が少なからずいたからである。いみじくも、ドイツの社会学者マックス・ウェーバーが『職業としての学問』の中で、かなり辛辣にこう述べている（引用は、尾高邦雄訳、岩波文庫より）。

いやしくも学問を自分の天職と考える青年は、彼の使命が一種の二重性をもつことを知っているべきである。というのは、彼は学者としての資格ばかりでなく、教師としての資格をももつべきだからである。このふたつの資格は、決して常に合致するものではない。非常にすぐれた学者でありながら、教師としてはまったくだめな人もありうるのである。たとえば、ヘルムホルツやランケのような人がそうであった。しかも、このような人々は決して特別の例外ではないのである。

ウェーバーのいう「二重性」、「ふたつの資格」が、ファラデーに見られる〝二刀流〟に対応するわけである。引き合いに出されたヘルムホルツ（エネルギー保存則の発見者でベルリン大学総長をつとめたドイツ科学界の大御所）やランケ（ベルリン大学教授をつとめた一九世紀ドイツを代表する歴史家）にはいささか気の毒ではあるが、それだけ〝二刀流〟の開眼は至難の技であった。

研究者としての能力はいうに及ばず、聴衆を飽きさせず話に引き込む講演の能力も、もって生まれた天賦の才であり、その人間のキャラクターによるところが大きいといえる。ファラデーは生まれつき、この〝二重性〟を備えていたのであろう。

さて、ファラデーの時代、映画もビデオも録音機器もなかったが、彼のエンターテイナーぶりを記録した書物が残っている。それが『力と物質』、『ロウソクの科学』の二冊である。

ファラデーが生涯を通し研究の拠点としたロンドンの王立研究所は毎年、クリスマス休暇の時期に子供たちを対象とした連続講演を催していた。このクリスマス講演は一八二五年にファラデーが提案したことがきっかけで始められたものである。ファラデー自身も一八二七年から一八六〇年にかけ、一九回にわたり、王立研究所の講堂で子供たちに（同席した大人たちも含め）、デモンストレーションを見せながら、科学の面白さを語りかけていた。

そのうち、一八五九年に行われた講演の速記録を編集したものが『力と物質』として、また、一八六〇年のそれが『ロウソクの科学』として出版された。なお、後者に関して、六回の連続講演で行われた実験は実に八八回にも及んだという（『ファラデー　王立研究所と孤独な科学者』島尾永康著、岩波書店）。この数字からも、ファラデーは研究と同じくらい啓蒙活動にも力に入れていたことがよくわかる。

ところで、さきほど、ビデオも録音機器もない時代と書いたが、それだけに、講演の内容を漏らさず正確に書物の形に再現するのは、さぞやたいへんであったと思う。このとき、二つの講演を本にまとめる編集の労をとったのはクルックス（タリウム元素の発見者）である。

一八六〇年の「ロウソクの科学」がファラデーの最後のクリスマス講演となったわけであるが（一八五一年から毎年、一〇年続けて子供たちに科学の話を語っていたファラデーは六九歳になっていた）、それについてファラデーはクルックスに宛て、こう書いている。「講演はもうやめるつもりでおりましたが、諸般の事情で、今シーズンもう一回、引き受けることにしました。というのも、子供たちに語りかけることは本当に楽しかったからです」。好きこそ物の上手なれというが、ファラデーは講演が根っから好きだったのである。

さて、『力と物質』には編集に当たったクルックスの「まえがき」が添えられている。その中でクルックスは講演が本になるまでの舞台裏を次のように語っている（引用は、稲沼瑞穂訳、岩波文庫より）。

ここに出版された書物は、次の二三の重要な点をもっています。それは第一に、講義が特に年少の人々に対しておこなわれたということ、したがっていわゆる専門用語が使ってないこと、第二に、講義が「そのことば通りに」印刷されたことです。熟練した注意深い筆記者がそれを速記し、それを文字に翻訳した原稿は、編集者の手で、速記者によくわからなかった科学上の点についてだけ、丁寧に訂正されました。ですから、もとの講演と違うところは——まったく不可能なこと、すなわち講演者の人がらや身ぶりをありのままにうつして現せないことだけなのです。

クルックスが添えた「まえがき」から、ファラデーの講演が正確に活字に置き換えられていることがわかる。「講演者の人柄や身ぶりまでは現せなかった」とクルックスは断っているが、そんなことはないように感じる。活字を通しても、ファラデーが子供たちにやさしく、丁寧に語りかける口調は十分、伝わってくるし、多くの図が挿入されているので、ファラデーの身ぶりの様子も浮かんでくる。

ところで、エネルギー保存則が確立されるのは一九世紀半ばであるが、当初は力とエネルギーの区別があいまいであるなど、概念や用語の混乱が多少見られた。一八四七年にヘルムホルツ――マックス・ウェーバーにこきおろされた大物科学者――が発表した論文のタイトルもエネルギーではなく、「力の保存についての物理学的論述」となっている。

ファラデーが『力と物質』の講演で語ろうとしたことは、要するにエネルギー保存則という科学史上のエポック・メイキングな出来事だったのであるが、その内容にも混乱の影響を引きずっている跡が見受けられる。もう少し付言すれば、エネルギーの相互変換性をあたかも力自体にそうした性質があるかのごとく、取り違えている節がある。

そういえば、ファラデーは一八四九年、重力と電気の変換を試みる実験を行っている。検流計に接続したコイルにひもを結び、滑車を利用して上昇下降を繰り返せば、コイルに電流が誘導されるのではないかと考えたのである。しかし、期待に反し、検流計の針が振れることはなかった。実験は否定的な結果に終わったが、ファラデーは自説を捨てることはなかった。彼はその後も、「電気、磁気、化学的な力、熱を含む多様な力の現れ方を一つの関係で結びつける試みの中に、重力も組み込めるのではないか」と考えていたことが、一八五〇年の論文「重力と電気の考えられる関係」の中に記されている。

『力と物質』の基本的な考え方も、その延長線上にあったようである。

しかし、それはそれとしても、ファラデーの講演内容は科学史の観点から、興味深いといえる。本書の「まえがきに代えて」の中で、ファラデーが電磁誘導を発見したとき、電流を担う電子の存在は知られていなかったという話を書いた。それでも、ファラデーはそうした時代の制約の中で、自分の研究を解釈していた。そして、いつの時代でも、どのような天才でも時代の制約から完全に逃がれることはできないわけである。

そう考えると、『力と物質』は一人の天才が力とエネルギーをどのように捉えていたか、つまり今日の捉え方とどのような違いがあるかを知るうえでも、貴重な作品となったのである。

次に、『ロウソクの科学』は古典の名著として、今日まで続く超ロングセラーとなっている。最近、テレビなどでマジックのような演出効果たっぷりの科学実験ショーをよく目にするが、『ロウソクの科学』はその先駆けのように映る。しかもそれは単発の話で終わらず、一つの流れに沿って、系統立っている。加えて、当時は身近な日用品であったロウソクに火をともすという、ごく当たり前の行為を通し、物理、化学の面白さを伝えているのであるから、子供たちはファラデー先生のデモンストレーションに夢中になったことであろう。

たとえば、ファラデーは皿に食塩を柱状に高く盛りつけ、青く着色した飽和食塩水を皿に注ぐと、毛管現象（ファラデーは毛管引力と表現している）により、青い液体が食塩の柱を上がっていく実験を演じている（飽和溶液にはもうそれ以上、溶質が溶け込むことはないので、食塩の柱は崩れない）。ここで、皿をロウソク、食塩の柱をロウソクの芯、青い飽和食塩水を熱で溶けたろうにみなせば、毛管現象で燃焼物質が芯を伝わって炎に達するプロセスを目で見ていることになる。子供たちはマジックを楽しむような思いをしながら、ロウソクが燃えるメカニズムを理解したのである。

また、氷と食塩（この二つは寒剤の役割を果たす）を入れた容器の下で燃えていたロウソクをどけると、あら不思議！、容器の底から水滴が垂れてくる。まるで、ロウソクの炎が水をつくったように見え、ここでも子供たちはマジックを見せられたように驚く。ファラデーは水は水素と酸素からできており、水素は燃えているロウソクの気体から、酸素は空気中から供給されるというタネ明かしをし、さらに話は水と水蒸気の体積変化へと進んでいく。

こうして、科学の面白い実験を次々と繰り出すファラデーは子供たちにとって、魔法使いのように映ったことであろう。

すでに述べたことではあるが、〃架空のノーベル賞〃を六回も受賞するほどの大科学者が、同時に科学のエンターテイナーとしての資質を身につけ、啓蒙活動も厭《いと》わず、ここまで力と時間を注いだ生き方には感動を覚える。

なお、ファラデーが始めた王立研究所のクリスマス講演は今日まで伝統を重ね、現在はＢＢＣを通してテレビ放送されている。

マクスウェル　一八七五年
「エーテル」

一九世紀に確立された重要な分野の一つに、電磁気学がある。その理論を体系化し、一八六五年、電気と磁気の相互作用を表す基本方程式を導き出したのは、マクスウェルである。さらに、彼はこのマクスウェル方程式を解くと電場と磁場が互いに振動面を直交させながら、波（電磁波）となって、真空中を光速で伝わっていくことを理論的に示した。つまり、光の正体は電磁波であると結論づけたのである。

さて、ここでまた、私の学生時代の思い出を少しだけ語らせていただきたい。電磁気学の演習の授業中、マクスウェル方程式（電場と磁場に関する連立偏微分方程式）から電磁波を表す波動方程式を導く計算をしたことがある。もちろん、結果はわかっていたわけであるが、それでも夢中になって偏微分方程式を解いていくと、突然、美しい波動方程式が現れてきたときはなんともうれしかったことを、今に覚えている。同時に、数学という論理形式がもつ、真理を表現する力に感動したものである。

マクスウェルはケンブリッジの学生時代から数学の練達の士であることが知られている。その才能をいかんなく発揮し、紙とペンだけで、光の正体を突き止めた瞬間の喜びと興奮はいかに大ききかったろうかと、自分のささやかな体験と重ねながら、思いを馳《は》せたものであった。

ところで、一般に波にはそれを伝える媒質が必要になる。音波を伝えるのは空気、弾性波を伝えるのは弾性体（固体）、浜辺に打ち寄せる波には海水という具合である。

そこで、一九世紀に入り、光の波動説が定着してくると、光波を担う媒質として想定されたのが、「エーテル」という〝仮想媒質〟であった（エーテルの起源は古く、そのルーツは古代ギリシャの天動説にまで遡る）。ここで〝仮想媒質〟と断ったのは、訳がある。

今例示した他の媒質（空気、弾性体、海水）はすべて、断るまでもなく、実在するものである。ところが、エーテルを検出した人は誰もいない。つまり、その実在性を直接、証明することはなされていなかった。ただ単に、光が波ならば、それを伝える媒質が何か空間に充満しているはずだという、いわば間接的な論拠によってエーテルの存在は信じられていたに過ぎなかった。その意味で、〝仮想媒質〟であった。

ここで、その後の顚末《てんまつ》を先に書いておくと、実はそんなものは初めからなかったのである。エーテルを物理学の世界から完全に葬り去ったのは、かのアインシュタインである。一九〇五年に発表された特殊相対性理論の論文においてになる。

しかし、一九世紀の光学や電磁気学は面白いことに、実は存在しなかったエーテルを前提にして組み立てられていたのである。

マクスウェルは『エンサイクロペディア・ブリタニカ』（一八七五年）の「エーテル」の項目で、次のように解説している（以下、引用は『世界の名著65・現代の科学I』中央公論社に収められた井上健訳より）。

電磁気の媒質の諸性質は、これまでに問題にしてきた限りでの光の媒質の諸性質と同様になるが、それらを比較する最もよい方法は、電磁気的な擾乱《じようらん》がその媒質中をどのような速度で伝播されてゆくことになるかを決定することである。もしもこの速度が光の速度と等しくなるということになれば、二つの媒質は実際には同一の空間を占めている以上、真に同一のものであると信じる強い理由が存在していることになる。この速度の計算のためのデータは、電磁単位系を静電単位系と比較するために行われた種々の実験によって提供されている。

このようなデータの異なった組から計算してみると、空気中での電磁気的な擾乱の伝播速度は、いろいろな観測者によって決定されている光の速度とあまり違わないものになる。

ここで、少し解説を加えておこう。一八四九年、フランスのフィゾーが高速回転する歯車の歯間を通り抜けた光を鏡で反射させる装置を組み立て、光の速度を測る実験を行っている。その結果は秒速3・15×10^8メートルという値であった。一方、一八五六年、ドイツのコールラウシュとウェーバーは電磁気学の基本量を測定する実験を行っている（これが引用文にある二つの単位系に関する実験）。マクスウェルがこの結果を電磁波の伝播速度を与える式に代入して計算してみると、その値は秒速3・1074×10^8メートルとなった。つまり、光速と電磁波の速度は、誤差の範囲内で一致したのである（ただし、両方とも現在知られている値よりは少し大きい）。

両者の速度が一致したことから、前述したように光の正体は電磁波に他ならないことが判明したわけである。そして、その波を伝える媒質もエーテルに一本化されると、マクスウェルは語っているのである。

しかし、そうはいっても、エーテルの正体は相変わらず不明であった。また、光速の大きさから推測すると、それを担うエーテルは相当に固い弾性体になってしまう。そうした媒質が空間に充満していると考えるには、いささか無理があった。それでも、不思議な仮想媒質の存在はマクスウェルを含め――アインシュタインが彗星のごとく現れるまでは――、誰も否定しなかった。波にはそれを伝える媒質が不可欠という固定観念から逃れられなかったのである。フランスのポアンカレは『科学と仮説』（一九〇二年）の中で、当時の人々が抱いていた固定観念について、次のようなわかりやすい説明をしている（引用は河野伊三郎訳、岩波文庫より）。

エーテルの信念がどこから起ったかはよく知られている。もし光が遠い星から我々のところに達すると、幾年月の間、光は星から出ていてまだ地球にはとどいていないから、その間はどこかにあって、いわば何か物質でささえられていなければならないはずである。

たとえエーテルの正体が謎であっても、一九世紀の物理学者たちが光の担い手として、その媒質の実在をいかに強く信じていたかがわかる。

マクスウェル自身も『エンサイクロペディア・ブリタニカ』の「エーテル」の項目に、こう書いている。

> エーテルの組成について一つの首尾一貫したアイデアをつくりあげるに当たって、たとえどのような困難に当面することになるにしても、惑星間および恒星間の空間は空虚なのではなくて、ある物質あるいは物体によって占められているということには、疑問の余地はまったくありえない。

世界最大の『エンサイクロペディア・ブリタニカ』に「疑問の余地はまったくありえない」と断言したほどであるから、マクスウェルもいかに強くエーテルの〝呪縛〟に憑《つ》かれていたかがわかる。

ということは、要するに次のような話になる。実際に電磁波は一八八八年、ドイツのヘルツの実験によって検出されている。マクスウェルの理論は正しかったのである。であるからこそ、私の学生時代の思い出を綴ったように、マクスウェル方程式とそこから導き出される電磁波の波動方程式は今日においても、電磁気学の基盤を成している。完全に正しかったのである。

ところが、マクスウェルは実はありもしなかったエーテルの存在を前提として、電磁気学の理論を組み立てていた。つまり、前提は完全に間違っていたにもかかわらず、それに基づく結論は正しかったという、ある種奇妙な構図が生じてしまったことになる。一般的に考えると、前提が崩れれば、結論自体も否定されるはずと思いたくなるからである。ここに科学史の不可思議な面白さがある。

マクスウェルは一八七九年、まだ四八歳という年齢で亡くなっている。もし彼がアインシュタインの論文が発表される一九〇五年まで生きていたとしたら（このとき七四歳であるから、健康に恵まれれば、その可能性は十分あったであろう）、百科事典の項目をどう書き変えていたであろうか？

COLUMN

もう一人の悪魔

本章の初めに、「ラプラスの悪魔」について書いたが、一九世紀物理学の世界にはもう一人、有名な悪魔が知られている。それは熱力学の第二法則（エントロピー増大則）を破る「マクスウェルの悪魔」である。

外界から遮断された閉じた空間では、エネルギーを投入しなければ、空間は徐々に秩序のある状態から乱雑な状態へと移行していくというのがこの法則で、エントロピーとは簡単にいえば、乱雑さの度合を表す量になる。卑近なたとえを使うと、部屋は片づけを厭《いと》わずに整理整頓をしなければ（エネルギーを投入しなければ）、本や資料が散らかり、乱雑な状態になってしまう（エントロピーが増大する）。

これが自然の不可逆な流れであるが、マクスウェルは外からエネルギーを投入しなくても、エントロピーを減少させるパラドックスを提唱した。それが「マクスウェルの悪魔」である。

マクスウェルの書簡は "The Scientific Letters and Papers of James Clerk Maxwell", ed. by P. M. Harman, Cambridge Univ. Press にまとめられているが、そこに収められた一八六七年一二月一一日付の友人テイト（物理学者）に宛てた手紙に、熱力学の第二法則を破るパラドックスが記述されている。ただし、マクスウェルは〝悪魔〟(demon)という用語は使わず、〝ある生き物〟(finite being)と書いている。

それが〝悪魔〟と呼ばれるようになったのは、一八七四年、ケルヴィンが科学誌『ネイチャー』に発表した論文「エネルギーの散逸に関する力学的理論」においてである。

しかし、マクスウェルは悪魔と呼ばれるのをどうやら気に入らなかったようであり、自分では一回もこの表現を使っていない。それでも、この呼称がすっかり定着してしまったのは、その方がパラドックスの面白さと重要さを強く印象づけたからであろう。

4章

ミクロと時空と宇宙論

（二〇世紀前半）

セグレ　一九八〇年
『X線からクォークまで』

私がセグレのこの本に出会ったのは、早稲田大学で文系の学生を対象に科学史の講義を担当し始めて間もなくの頃であった。当時は、「まえがきに代えて」に記したようにどうすれば学生の科学に対する関心をかき立てられるのかと暗中模索の日々が続いていたので、とにかく参考になりそうな本、手掛かりを得られそうな本を渉猟《しょうりょう》したものである。そうした時期に手に取った数多くの書物の中で、『X線からクォークまで』は掛け値なく抜群に面白かった。

著者のセグレは「反陽子の発見」で一九五九年にノーベル賞を受けた、イタリア出身のアメリカの物理学者である。一九三〇年代はローマ大学でフェルミ（2章で紹介した実験と理論の〝二刀流〟の達人で、一九三八年のノーベル物理学賞受賞者）の指導のもと、中性子を用いた元素変換の実験に取り組んでいる。また、一九三七年には、モリブデンに重陽子（水素の同位体）を照射して、未発見であった原子番号43の元素を検出すのに成功している（この元素は人工的に造られたことから、ギリシャ語に由来してテクネチウムと命名された）。

その後一九三八年にアメリカに渡り、第二次世界大戦後はノーベル賞につながることになる実験を開始した。そして、一九五五年、チェンバレンと共同で高エネルギーに加速した陽子どうしを衝突させ、反陽子（マイナスの電荷をもつ陽子の反粒子）を創出させたのである。

このように、原子核、素粒子の実験分野で長年にわたり第一線で活躍してきた大家が一般読者のために筆を執ったのが、『X線からクォークまで』である。

書名にあるX線がレントゲンによって発見されたのは一八九五年のことである。この出来事が電子、放射線、原子核、素粒子といった人間の五感では捉えられないミクロの世界へ物理学が足を踏み入れるきっかけとなった。そして、その延長線上に現れたのが書名にあるもう一つの用語、クォークである。クォークは陽子や中性子を構成する究極の要素として、一九六〇年代に提唱され、その後、実験で存在が確認された素粒子である。

というわけで、セグレの本は書名が示すとおり、X線の発見によって幕を開け、クォーク理論が提唱されるに至る二〇世紀物理学の発展を、ミクロの世界の探訪を軸に綴《つづ》ったものである。同書の「まえがき」にセグレは自著の性格をこう書いている（以下、引用は久保亮五、矢崎裕二訳、みすず書房より）。

私はほぼ一九二七年あたりから今日まで物理学の学究の徒として過ごしてきたわけであるが、その間に際会したさまざまな出来事を、私の目に映ったままに、いわば印象派風に描いてみたものと思っていただけばよい。もちろんそれらの出来事は、その前後の事情を抜きにしてお話しできる筋合いのものではないので、話はもう少し前に遡って始まることになる。ともかくこういうわけで、人物や物事の選択は主観的で、その範囲も限られており、また私自身の個人的な体験に偏っている趣もある。

先ほど、セグレの本は抜群に面白かったと感想を述べたが、今引用した「まえがき」の一節がいみじくもその理由を物語っている。それはノーベル賞を受賞したほどの物理学者が個人的な体験をもとに、自分が研究の第一線にあった時代を生き生きと描いているからである。「目に映ったままに印象派風に描いてみた」、「人物や物事の選択は主観的」とあるが、これがこの本の強み、魅力となっている。もっぱら文献や資料に基づいて書かれた作品ではなく、半世紀にわたり、物理学の最前線に身を置いたセグレの肌感覚で綴られた作品であるだけに、生き生きとした臨場感がダイレクトに伝わってくるからである。

また、そうした読後感を抱かせる一因として主要な発見の内容を並べただけでなく、それに携わった物理学者たちの人間模様や研究の舞台裏がドラマティックに描かれていることがあり、とにかく読ませるのである。3章で研究者と啓蒙家という両方のすぐれた才能を兼ね備えたファラデーの講演録の話をしたが、セグレにも似たような資質が備わっている（『X線からクォークまで』も各所で行われた講演をもとに編まれたものである）。

ところで、セグレが学究の徒として歩み始めた一九二七年ごろ、物理学の世界ではどんな出来事が起きていたのかというと、電子、原子といったミクロの対象を記述する、まったく新しい理論体系（量子力学）が形を成しつつある革命的な時代であった。一九世紀末までに構築された古典物理学の理論では説明のつかない問題が続出してきたからである。当時の状況をセグレはこう語っている。

一九二〇年代の初期には、もうこれまでの方法はその限界にきていた。そして物理学に課せられたもっと筋の通った量子力学を求めるという問題を解決するには、新しい世代と新しい力が必要になっていた。これは今世紀最大の挑戦であり、その解決のためには新しい考え方を要したのである。

古典物理学の理論は盤石と信じられていただけに、その岩盤を砕いて量子力学をつくり上げるのは、旧説に凝り固まっていた大御所や重鎮と呼ばれる老大家ではなく、柔軟な発想を自由に飛翔できる若い物理学徒たちであった。セグレはそうした人々の思索の道筋や人間的な側面を、彼らとの個人的な交流を織り混ぜながら綴っている。そこから、物理学が古典論から脱皮し、新しい様態へと変化していく激動期にセグレ自身が居合わせた興奮と喜びが、びりびりと伝わってくる。そこが他の現代物理学の通史にはない、この本の個性的な面白さである。

そうした色彩がもっとも濃く現れているのは、なんといっても、一九三〇年代前半にローマ大学で行われた中性子照射による放射能の研究を回想した件《くだり》である。成果だけでなく、試行錯誤をくり返しながら実験が成功に至るまでのプロセス――こうした裏話は論文には記されていないぶん、歴史的には貴重である――が生々しく語られている。そこに添えられたリーダーのフェルミとセグレを含む研究メンバーたちの写真を見ていると、核エネルギーの開発へ向けて歴史が動いていく息吹が感じられる。

写真といえば、一九四八年にバークレーで撮られた一葉には、フェルミ、セグレと並ぶ湯川秀樹の姿を見ることができる。その翌年、湯川は核力の作用を説明する中間子論により、ノーベル賞を贈られることになるが、それについてセグレは次のように述べている（引用文中にある「長岡」とは、原子模型の研究などで知られる、日本に物理学の基礎を築いた長岡半太郎である）。

湯川は日本人としては初めてノーベル物理学賞を受けた人である。それは一九四九年のことであるが、これが母国で彼にたいへんな名声を与えることになった。日本の人々は、科学において西洋と同格の位置に達している生きた証しとして、この人を一目見ようと彼のところにやって来たものである。かくして長岡も、一九五〇年に亡くなる前に自分の夢がかなえられるのを見たわけである。

こう記した後、セグレは湯川の中間子論の簡単な要約を述べている。湯川がこの論文を発表したのは、まだコンピュータなどなかった一九三五年のことである。したがって、すべて紙とペンによる計算を遂行し――この点に関していえば、3章で述べた一九世紀と基本的にはあまり変わっていない――、核力の特性から量子力学に基づいて中間子の質量をはじき出したのである。前にも触れたが、コンピュータを駆使した〝腕力勝負〟に頼らない時代の優雅さを感じる論文である。

そして、セグレはその骨子をフェルミのベータ崩壊の理論と関連づけながら、わずか一ページで簡潔に紹介している（ベータ崩壊とは、原子核が電子とニュートリノを放出する現象）。みごとなほどの手際の良さには感心させられる。

ところで、今、湯川の論文の優雅さについて触れたが、セグレはこの本の「おわりに」で、現代の物理学の状況をひと時代前と比較して次のように述べている。

物理学も含めて科学全般に広く見られる趨勢《すうせい》がある。それは専門化ということである。この専門化がますます進む結果として、現在、物理学関係の文献も物理学者の数も非常にふくれ上がり、それがまた専門化を加速する。これは、いわば必要悪と言うべきもので、受け容《い》れざるをえない。もっと小ぢんまりしていて、もっと簡単でそれだけに統一があった物理学を見たことがある人々は、それにノスタルジアを感じるであろうが、やはりこの流れは不可逆的なものである。

ノスタルジアを感じる例として、セグレは一九一一年、アルファ粒子の散乱を解析して原子核の存在とそのサイズを明らかにしたラザフォードの有名な公式を掲げている。この式はわずか一行で収まり、アルファ粒子の散乱のされ方が一目でわかる簡単なものである。

これに対し、引き合いに出された一九六八年の素粒子の散乱実験を解析した式は——実験の原理はラザフォードのそれと同じであるものの、その規模が桁違いに大きくなっているぶん複雑の極みに達し——、九行にも及ぶ長く煩瑣《はんさ》な内容で、あまりにごちゃごちゃしすぎて、いくら眺めていてもイメージは少しもわいてこない。結果を出すには、コンピュータによる膨大な数値計算が必要なのであろう。一言でいうと、ちっとも美しくない。

セグレはこうした傾向は物理学に限ったことではなく、現代の思想や芸術にも見られると指摘し、「今日では、もう完全に抽象的な絵画が現れているのであるが、また物理の方でも深い意味はあってもそれがすぐにぴんとこないような数式が横行している」と述べている。

こうした科学と芸術の対比は興味深いが、さらにセグレは科学の構造や発展の仕方を生物のそれになぞらえる論を展開している。時として起こる偶然の発見というものは生物における突然変異に似た役割があり、そこから新しい分野が芽生えてくるというのである。X線の発見をきっかけにしてミクロな対象の研究が始まった歴史は、まさにこの比喩のとおりであろう。そして、ガリレオ、ニュートン、アインシュタインの一族がこれきり途絶えてしまうとは思えないと語り、生物が進化する如く、科学の進歩もそうであろうと話を結んでいる。

なお、セグレにはもう一冊、『古典物理学を創った人々』（久保亮五、矢崎裕二訳、みすず書房）という姉妹編のような作品がある。一六世紀前半のガリレオから一九世紀後半のマクスウェルまで、偉大な物理学者たちの足跡をたどる内容なのであるが、その構成がユニークで発想が実に面白い。この本の冒頭に「偉人たちと会って話をしたり、研究室を見せてもらったり、またその時代に身を移したりといったことができたとしたらどんなものだろう」と記されている。

そこで、セグレは過去の世界へ旅立つのである（こうしたＳＦまがいの工夫と筆遣いは秀逸である）。一六一〇年、パトヴァにガリレオを訪ねたセグレはトスカーナ料理とワインを振る舞われた後、望遠鏡を覗《のぞ》かせてもらっている。一六九〇年にはニュートンに会いにケンブリッジに赴くものの、気難しい天才から面会を拒否されてしまう（このあたりの描写は天才の個性をよくつかんでいる）。一八四六年のロンドンでは、ファラデーにあたたかく迎えられ、王立研究所で鉄粉が磁力線を描く様子を見せてもらっている。また、一八七六年に時代を移動したセグレはケンブリッジで愛犬トビーを連れたマクスウェルに会い、気体分子運動論についての話を聞かせてもらっている。

という具合に、セグレは夢物語のような幻想的な形式を取って架空の臨場感を醸成しながら、近代物理学の歩みを親しみやすく語っている。この本と『Ｘ線からクォークまで』を併せて読めば、近代から現代までの物理学の大きな流れがつかめるだけでなく、科学史という学問への関心が深まること請け合いである。

アインシュタイン　一九〇五年
「運動物体の電気力学について」

一九〇五年はアインシュタインの〝奇跡の年〟と呼ばれている。この年、二六歳になった天才は歴史を画する三つの偉大な業績をいっぺんに発表しているからである。その三つとは「光量子仮説」、「ブラウン運動の理論」、「特殊相対性理論」である。

それらの要点をまず簡単に述べておこう。光量子仮説とは電磁波である光には同時に、エネルギーをもつ粒子としての性質も備わっているとする捉え方である。つまり、波か粒子かという二者択一を論じるのではなく、光には〝二重性〟があるとする、まったく新しい描像をアインシュタインは提唱したのである。後に(一九二三年)、ド・ブローイが逆に、粒子とみなされていた電子にも波動性が付随しているとする「物質波」の概念を提唱する。そこからミクロの世界では、こうした粒子と波の二重性に基づいて対象を捉えなければならないという考えが定着していく。

一九二六年に物質波という古典物理学にはなかった奇妙な概念を定式化し、二重性を織り込んだ波動方程式を導き出すのがシュレディンガーである。さらにその翌年、ハイゼンベルクが有名な「不確定性原理」を発表するのも、この二重性に基づいてである。こうして前節でも述べたように、一九二〇年代の後半に向け、量子力学という現代物理学の柱となる体系が組み立てられていくのである。そして、その出発点となったのがアインシュタインの光量子仮説であった。

ちなみに、アインシュタインが一九二一年度にノーベル賞を贈られたときの受賞理由は、相対性理論ではなく光量子仮説にかかわる研究であった（なお、第一次世界大戦による中断があったため、アインシュタインへの授賞は一九二二年に行われている）。この年、アインシュタインは改造社という出版社の招《しょう》聘《へい》を受け、日本各地を訪れて講演を行っていたため、授賞式には出席できなかった。日本での講演の記録は『アインシュタイン講演録』（石原純著、岡本一平画、東京図書）として刊行されている。

さて、二つ目のブラウン運動の理論とは、液体中に分散した微粒子が液体分子の衝突により、ランダムなジグザグ運動をする現象を分子運動論に基づいて解析した理論である。この理論を実験で検証したのが、次節で紹介するフランスのペランである。ペランの実験により、分子の実在性が証明され、アボガドロ定数の精確な値も算出され、この業績でペランは一九二六年のノーベル物理学賞を受けることになる。

三つ目はアインシュタインのもっとも有名な業績である相対性理論の最初の論文である。論文は「運動物体の電気力学について」と「物体の慣性はそのエネルギーに依存するか？」の二編からなり、前者ではエーテルの存在を否定して、光速度不変の原理を提示し、後者ではよく知られたエネルギーEと質量mの等価性を光速cで結びつける式「$E = mc^2$」が導き出されている。

という具合に、物理学に変革をもたらす研究がわずか一年の間に次々と発表されたわけであるから、一九〇五年をアインシュタインの奇跡の年と呼ぶのもうなづける。

それから一〇〇年を迎えた記念すべき二〇〇五年、A・ロビンソン編著による『アインシュタイン　相対性の一〇〇年』（"Einstein A Hundred Years of Relativity" by A. Robinson, Palazzo Editions Limited）という本が出版された（邦訳は『図説アインシュタイン大全』小山慶太監訳、寺町朋子訳、東洋書林）。

アインシュタインに関する本は数え切れないほど出版されているが、この本は宇宙論のS・ホーキング、SFの巨匠A・C・クラーク、ノーベル物理学賞受賞者のS・ワインバーグ、P・アンダーソン、科学史家のI・B・コーエンなど多彩な寄稿者によって、世紀の天才の物理学と人生そして生きた時代に、さまざまな角度から光を当てており、アインシュタインの人物像を立体的に浮かび上がらせている。また、幼年期から晩年まで、アインシュタインのおびただしい数の写真が掲載されており――その中には、私が初めて見るものも含まれていた――、視覚を通しても、アインシュタインの人物像が伝わり、相対性理論一〇〇周年という節目の年にふさわしい企画となっている。

さて、それでは奇跡の年に発表された特殊相対性理論の論文「運動物体の電気力学について」を見てみよう。ドイツの『アナーレン・デル・フィジーク』に掲載されたこの論文は参考文献《レファレンス》が一つもないという、たいへん珍しいものであった。そこからも、先行する研究がいっさい存在しない〝未開の荒野〟に、天才は一人、〝金字塔〟を打ち立てたことがわかる。

ところで、相対性理論というとそれが時間、空間の概念（人間の常識）を根底から覆したことから、対置する体系としてニュートン力学だけが引き合いに出されがちであるが、アインシュタインがこの革新的な理論を創出するうえで重要な役割を果たしたのは、もう一つ、電磁気学であった（論文のタイトルにある「電気力学」とは電磁気学と同義と考えてよい）。

そして、ニュートン力学の法則と電磁気学の法則を対比させたときに見られる整合性を欠いた〝非対称性〟に気がついたアインシュタインは、それを解消すべく、相対性理論を組み立てたのである。

3章で述べたように、マクスウェルが理論的に導き出した電磁波を一八八八年、ヘルツが検出に成功したとき、それは同時に電磁波（光）を伝える媒質、エーテルそのものを捉えたと解釈された。一般に波動とそれを担う媒質の存在は表裏一体とみなされていたからである。そして、空間に充満するエーテルは宇宙の重心――それがどこにあるのかはさておき――に対して静止していると考えられた。これを「絶対静止」という。そこで、電磁波の伝播速度である光速は、静止エーテルを基準にしたときの値であるという暗黙の共通認識が得られていた。

そうなると、観測者の運動状態（静止エーテルを基準にしたときの観測者の速度）によって、電磁波の速度も異なってくる（観測者と電磁波の相対運動のため）。つまりは、マクスウェル方程式の成り立ち方が観測者ごとに異なってくる。

一方、ニュートンの運動方程式は絶対静止しているエーテルを基準にしても、それに対し等速直線運動するどのような観測者から見ても、完全に同じ形をしている。同じ形になってしまうということは、ニュートン力学ではどれが絶対静止の座標系かを決定することはできないことを意味している。ここに、電磁気学とニュートン力学の本質的な違いがある。

アインシュタインは、同じ物理法則でありながら、こうした違い――これが前述した〝非対称性〟――があるのはおかしいと思ったのである。換言すれば、物理法則とはそれが電磁気学であろうがニュートン力学であろうが、押しなべて、観測者（座標系）によらず同じように成り立つ普遍性があるはずだというわけである。これは天才の信念であった。

この点に関し、「運動物体の電気力学について」の中で、アインシュタインは次のように述べている（以下、引用は『アインシュタイン　相対性理論』内山龍雄訳・解説、岩波文庫より。なお、〔　〕内は訳者注である）。

> 力学ばかりでなく電気力学においても、絶対静止という概念に対応するような現象はまったく存在しないという推論に到達する。〔中略〕すなわち、どんな座標系でも、それを基準にとったき、ニュートンの力学の方程式が成り立つ場合（このような座標系は、現在では慣性系と呼ばれている）、そのような座標系のどれから眺めても、電気力学の法則および光学の法則はまったく同じであると推論される。

この内容をアインシュタインは「相対性原理」と呼び、あらためて、こう定義している。

> 互いに他に対して一様な並進運動をしている、任意の二つの座標のうちで、いずれを基準にとって、物理系の状態の変化に関する法則を書き表わそうとしても、そこに導かれる法則は、座標系の選び方に無関係である。

互いに一様な並進運動（等速直線運動）をする座標系は無数に存在する。そのどれから眺めても、すべての物理法則が同等に成り立つならば、絶対静止という概念は意味がないといっているわけである。

この相対性原理を採用すると、次の「光速度不変の原理」が自然と導き出される（原論文では光の速さはvで表記されているが、岩波文庫では今日の慣習に従ってcを使っている）。

> 一つの静止系を基準にとった場合、いかなる光線も、それが静止している物体、あるいは運動している物体のいずれから放射されたかには関係なく、常に一定の速さcをもって伝播する。

要するに、光源が静止していても動いていても、また、観測者が止まっていても光を追いかけても、あるいは光とすれ違っても、光の速度は常にcで不変であるというわけである。

そういわれても、この原理、我々が日常経験することや素朴な実感とは相容《い》れない。そして、これでは、速度の合成則が破綻してしまう。アインシュタインとて人間、経験や実感は普通の人とそれほど変わりはないと思うが、ここが天才の天才たる所以《ゆえん》であろう。

一般的に速度は基準の取り方に依存する相対的な物理量である。ところが、速度であっても光のそれは電磁気学の法則の中に組み込まれた特別な存在であると、アインシュタインは考えた。そうである以上、どんなに我々の日常経験や実感とかけ離れていようとも、相対性原理に立脚すれば、光の速度は常に一定の普遍定数という結論になる。

光という特定の対象に関しての話ではあるが、速度とは単位時間あたりの空間の移動距離である。そして、一九〇五年までは、時間と空間こそが観測者（座標系）に無関係な絶対的なものであった。誰がどこで計っても一秒は一秒であるし、一メートルは一メートルであった。一方、速度は観測者の運動状態によって異なる相対的な量であった。

ところが、光速度不変の原理によって、従来は相対的と思われていた光の速度が絶対的となってしまった。そうなると、必然的に時間と空間は相対的な概念にならざるを得ない。こうして、立場の逆転が起きたわけである。相対性理論の出発点はまさにここにあり、その意味で、電磁気学なくして、この革新的な人間の常識を超えた理論は生まれなかったといえる。

そして、以上二つの原理に基づけば、〝絶対静止空間〟なるものはもはや不要であり、そこに充満しているとされた〝エーテル〟も同時にお役ご免となって、姿を消すことになる。

それにしても、物理学界ではまだ無名であった二六歳の若者が一人、相対性原理に込めた強い信念をもって、大胆にもこれほど常識破りな理論を躊躇《ちゅうちょ》なく発表した勇気には驚かされる。

最後に特殊相対性理論の〝特殊〟という意味について簡単に触れておこう。一九〇五年の論文では、互いに等速直線運動を行う観測者に限定して論理が展開されていた。等速運動――ここには静止も含まれるが――は運動状態の中で特殊なものなので、後にこの名称がつけられるようになったのである。

アインシュタインはさらに話を加速度運動まで拡張して一般化し、重力を取り込んだ一般相対性理論を一〇年かけて完成している。

ペラン　一九一三年

『原子』

こう書くと、やや意外に思われるかもしれないが、二〇世紀の初めはまだ、原子、分子が実体として存在するか否かは科学者の間で激しい論争の渦中にあった。オーストリアのマッハ（音速の単位に名前を残した物理学者）やドイツのオストヴァルト（一九〇九年ノーベル化学賞受賞）のような大物の中にも、原子の存在を頑なに否定する反原子論者がいた。

彼らの根拠は単純で、原子は見ることも触れることもできないからである（原子のサイズは可視光の波長のおよそ千分の一程度しかないので、光学顕微鏡の分解能を極限まで上げても、確かに原子を見ることは原理的にできなかった）。そこで、マッハは自分の前で原子について語る人がいると、「あなたはそれを見たのですか？」と叫んで、相手を沈黙させたという。

4章の初めに取り上げたセグレの本に綴《つづ》られているように、原子は原子核と電子に、原子核は陽子と中性子に、そして陽子と中性子はクォークに分割されるという具合に、二〇世紀物理学は原子よりさらに小さい対象へと迫っていった。ただし、テクノロジーがいくら進んでも、クォークを直接、見ることはできない。しかし、仮に「あなたはクォークを見たのですか？」とマッハのような詰問を受けたとしても、今日ではもはや沈黙をする必要はない。

二〇世紀の物理学は対象を拡大して直接見ることはたとえできなくとも、素粒子どうしの反応を測定することにより、それらの固有な性質（たとえば質量や電荷などの物理量）を決定できるようになったからである。固有の性質を突き止められるということは、そうした属性をもった実体の存在を確認したことに他ならない。

そう考えると、マッハやオストヴァルトのような反原子論者たちにとって、物理学上の認識も人間の五感で捉えられる領域、手段の範囲内に留まっていたことがわかる。見方を変えれば、そこからの脱皮が二〇世紀物理学の発展を促したのである。

ところで、反原子論者が物質観の拠りどころとしたのはエネルギーであった。一九世紀の中葉に熱力学が確立され、種々のエネルギーは定量的に測定されており、それらの間の相互変換性と保存則はすでに確かめられていた。したがって、エネルギーという概念は十分、実体として捉えられていた。これに対し、反原子論者にとっては、見えもしない原子は化学反応を記述する便宜的な記号のようなものに過ぎず、所詮は作業仮説の域を出るものではなかった。そんな頼りない原子より、エネルギーの方が実体としてはるかに手応えがあるというわけである。

さて、それから間もなく、沈黙を強いられるのは今度は反原子論者の方になる。そして、その転機の一つとなったのが、前節で触れたアインシュタインの「ブラウン運動の理論」（一九〇五年）とそれを実験で検証したペランの論文「ブラウン運動と分子の実在性」（一九〇九年）である。

ブラウンとはイギリスの植物学者の名前である。一八二七年、彼は水に浮かべた花粉を顕微鏡で観察していたところ、細胞に含まれる微粒子が小刻みにジグザグ運動することに気がついた。初め、ブラウンはそれが生殖細胞が見せる生命現象、つまり、微粒子そのものが自発的に動きまわっているのではないかと考えた。ところが、物質を砕いた粒子でも同様の現象が観察されるようになった。また、ブラウン運動は粒子の種類にはあまり依存せず、粒子が小さくなるほど、振動が激しくなる傾向が認められた。そこから、この現象は粒子が周囲にある水(一般には液体)の分子の衝突を受けて生じるものと推測された。

粒子のサイズが一定以上になると、表面積が大きくなるぶん、粒子に衝突する単位時間ごとの水分子の数はあらゆる方向について平均化される。したがって、粒子が受ける圧力は全方向に関し相殺されるため、粒子が動き出すことはない。これに対し、表面積が十分小さい粒子になると、衝突してくる水分子の数が瞬間的に、ある方向に偏る状態が生じる。つまり、ゆらぎが見られる。その結果、圧力の不均衡が方向を変えながら継続し、粒子は不規則な動きも示すというわけである。

この問題についてアインシュタインは後年、次のように回想している(引用は"Albert Einstein: Philosopher-Scientist" ed. by P. A. Schilpp, Tudor Publishing Co., 1949より拙訳)。

私の主な研究目的は有限の確《かく》たる大きさをもつ原子の存在を、可能な限り確実に示す事実を見出すことであった。そのとき私は原子論に従えば、懸濁《けんだく》した微粒子の運動は観測にかかるはずであることに気がついた。

懸濁とは、顕微鏡で見えるサイズの粒子が液体に分散した状態をいう。アインシュタインは原子の実在を前提とすれば、ブラウン運動の説明は可能であると考えたのである。

そこで、アインシュタインは分子運動論に基づいて、水分子からランダムな衝突を受ける粒子の平均的な移動距離（変位）を計算してみた。その結果、平均変位は懸濁液の温度、粘性係数、粒子の直径、観測時間を変数とする関数で与えられることが示された。これらの変数はいずれも、測定ないし算定し得る物理量である。また、変位を表す式にはアボガドロ定数が含まれていた。

そこから、アインシュタインの理論が実験と一致すれば、アボガドロ定数が決定できる。この定数はある一定の条件における原子あるいは分子の個数である。それは約6×10^{23}という膨大な数になるが、個数が数えられるということは、原子、分子の実在を証明したことにつながる。

アインシュタインは論文の最後に、「ここに提起した熱理論に関する重要な問題を間もなく、研究者の誰かが解決してくれることを願う！」と記し、実験家に叫びかけたのである。それに応えたのが、再三、名前をあげているペランということになる。

ペランのノーベル賞の受賞理由は「物質の不連続構造の研究、特に沈殿平衡の研究」となっているが、不連続構造というのは物質は原子、分子という粒子を単位として構成されているという意味である。

さて、ペランの著書『原子』は、ノーベル賞につながる研究が一段落した頃に書かれた作品である。したがって、そこにはアインシュタインの理論とそれを検証して、原子、分子の実在に関する論争に終止符を打った自分の実験が詳しく解説されている。加えて、その前段の歴史に当たる一九世紀の化学研究の中で、原子説、分子説がどのように論じられてきたかが要領よくまとめられている。

また、X線、電子、放射性元素の変換、原子の内部構造など当時のホットな話題についても丁寧な解説が施され、原子に代表されるミクロの実体の研究がどのように進められていたかが、時代感覚を伴って伝わってくる。この点について、ペランはこう述べている（引用は玉蟲文一訳、岩波文庫より）。

まだ我々の認識のかなたにある実体の存在または性質を予測し、単純な見えないものによって複雑な見えるものを説明しようとするところに直観の働きがあり、それによって我々はドルトンやボルツマンのような人々に負うところの原子論を発展させるに至った。

ドルトンは一九世紀の初め、気体の圧力や水に対する溶解度の実験に基づいて、物質はそれ以上分解できない原子から構成されるとする説を唱えたイギリスの化学者である。ボルツマンは統計力学において重要なボルツマン定数に名前を刻んだオーストリアの物理学者で、反原子論者と激しく闘った原子論の第一人者である。二人とも「単純な見えないもの」（原子）の存在を前提として、「複雑な見えるもの」（気体や液体が示す現象）を説明しようと試みたわけであり、その姿勢はブラウン運動の解析に取り組んだアインシュタインやペランにも受け継がれたことになる。

さらにペランは『原子』の中で、次のように述べている。

この直観的方法は単に原子論にのみ限られているものではない。それは帰納的方法が必ずしもエネルギー論に限られていないのと同様に明らかなことである。今日我々が微生物を観察するのと同様に、やがて原子を直接に感知しうる日がおそらく到来するであろう。

ペランは今はまだ、直観的方法で原子の存在を前提として、それに依拠して諸現象を説明するという間接的な方法に頼っているが、将来は原子を直接、感知できる日が必ず来るであろうという期待をしたのである。

同様の思いは、一九二六年のノーベル賞講演の中にも見られる（引用は『ノーベル賞講演　物理学4』講談社より）。

二〇年前には疑われていた分子と原子の客観的実在は、今日ではそれからの帰結を常に立証できる原理として受け入れることができるのです。しかしながら、この新しい原理が、いかに確かなものであっても、もしこれまでにその存在が明らかにされた分子を直接観察できるならば、これは物質に関する私たちの知識のさらに大きな前進であり、違った段階での確信となるに違いありません。

ペランは直接、原子、分子を見たかったのである。自分がここまでその実在を明らかにしたという自負があればこそ、そうした思いは強かったのであろう。

はたして、ペランの〝夢〟がかなう日がやって来た。一九七一年九月、大阪で開催された「X線光学・マイクロアナリシス国際会議」で、アメリカのクルーがトリウムとウランの原子を撮影した電子顕微鏡写真を発表したのである（しかしペランは一九四二年に亡くなっていたが）。このニュースは一般紙でも大きく報じられ、ついに原子を〝見る〟ところまで技術が進んだのかと驚きをもって受け止められた。

私はこの年、大学院に進学していたが、研究室でもこの話題で持ち切りとなり、興奮を覚えたのを今に記憶している。

その後、ナノテクノロジーの進歩は著しく、原子を見るだけでなく、その一個一個を操作できるまでになっている。二〇一三年には、IBM社が走査型トンネル電子顕微鏡という最新の装置を用いて、一酸化炭素分子の位置を基盤のうえで少しずつ動かしながらコマ撮りを行い、ストップモーション方式による世界最小のアニメーションを制作している。

ペランが『原子』を著してから一〇〇年後、彼の〝夢〟はついにここまで進歩したのである。

ハッブル　一九三六年
『銀河の世界』

現代の天文学では、「ビッグバン宇宙論」が定説となっているが、その主な根拠（証拠）は次の三項目である。

（1）宇宙の膨張を示す観測データ、（2）宇宙空間に均一に分布する宇宙背景放射（そのエネルギーを温度に換算すると約二・七Kの極低温にあたる電波）の存在、そして（3）宇宙全体で水素、ヘリウムという軽元素の比率が圧倒的に高いことである（なお、宇宙の膨張は物質に働く重力がブレーキ役となり徐々に減速していくのではないかと考えられていたが、一九九八年、遠方にある超新星の観測から、膨張は逆に加速していることが発見されている。二〇一一年ノーベル物理学賞）。

この三項目の中で最初にあげた（1）を発見し、現代宇宙論の基礎を築いたのがアメリカのハッブルである。一九二九年、ハッブルは今日、彼の名前を冠して呼ばれている有名な法則を発表することになる。二四個の銀河のスペクトルを観測したハッブルは、スペクトルの赤方偏移から、銀河の後退速度（地球から遠ざかる速度）が地球からの距離に比例することを発見したのである。つまり、遠い銀河ほど大きな速度で遠ざかっているわけであり、その事実は宇宙が膨張していることを示していた。

もちろん、ハッブルの法則は宇宙のどこで観測しても同じように成り立つ。宇宙には膨張の中心となる特別な場所は存在せず、銀河を包みこむ空間そのものが巨大化し続けているのである。ところで、それまで、宇宙は過去から未来永劫《えいごう》にわたり、静的な状態で存在し続けると考えられていただけに、ハッブルが示した動的な宇宙への転換は〝コペルニクス的転回〟にも匹敵する天文学の革命的な出来事であった。事実、それはやがてビッグバン宇宙論への扉を開くことになる。

それから七年後の一九三六年、ハッブルは自分の研究を一般の人々に平易に説いた講演をもとにして筆を起こした『銀河の世界』を著している。その「はじめに」の中で、ハッブルはこう述べている（以下、引用は戒崎俊一訳、岩波文庫より）。

銀河の領域への探求は、巨大な望遠鏡によって達成されたものである。それは、銀河が私たちの天の川銀河と同程度の大きさをもつ独立な恒星の系である、と認識したことから始まった。一度、銀河の正体が明らかになると、距離を評価する方法が次第に進歩し、新しい研究分野が始まった。

我々の太陽系は約一〇〇〇億個の恒星の集団から成る天の川銀河に属している。そして大型望遠鏡の建設により、天の川銀河以外にもこうした恒星の集団（銀河）が存在することが明らかになったのである。

そこで、ハッブルはその形状から銀河の分類を試みている。大別すると、銀河は明るい中心核に対し回転対称性を示す「規則銀河」がほとんどであるが、明るい核をもたず回転対称性を示さない「不規則銀河」も二〜三パーセント見られる。さらに、前者は「楕円銀河」、「正常渦巻銀河」、「棒状渦巻銀河」に分類され、『銀河の世界』にはそれぞれの写真が多数、掲載されている。

このようにして銀河への関心が深まってくると、次に地球から銀河までの距離を知りたくなる。このとき、重要な役割を果たしたのが、一九二〇年代に入ってから発見されたセファイド型変光星と呼ばれる天体である（これも『銀河の世界』に写真が載っている）。変光星とは周期的に明るさを変化させる星で、その第一号は一七世紀の初めに見つかっていたが、セファイド型変光星についてはその変光周期から絶対光度が決定できるようになっていた。したがって、その星の見かけの明るさを観測すれば、絶対光度と比較して、そこまでの距離が決定できる（こういう天体を標準光源という）。

ハッブルはそれぞれの銀河の中からこうした性質をもつ変光星を探し出し、地球と銀河の距離を求めたのである。

一方、後退速度はドップラー効果を利用して測定された。音でも光でも一般に波はその発信源が観測者から遠ざかるとき、速度が増加するほど波長が長くなる。可視光の場合、光源のスペクトルは赤い方へシフトする（これが赤方偏移。そのスペクトル写真は『銀河の世界』で見ることができる）。

以上二つの観測を組み合わせて、ハッブルは宇宙の膨張を示す銀河の後退速度と距離の関係を描き出したのである（このグラフについても『銀河の世界』で詳しく解説されている）。

さきほど、ハッブルの法則が発表されるまでは、宇宙は静的なものと考える科学者が多かったと述べた。アインシュタインもそう強く信じる一人であった。一九一七年に発表した一般相対性理論に関する論文で、天才は人為的に——物理学的に明確な根拠を示さぬまま——宇宙を静的に保つ操作を強引に行っているほどである。

ところが、一九三一年、ウィルソン山天文台を訪れたアインシュタインは、ハッブルと助手のヒューメイソンが撮影した銀河のスペクトル写真を見せられた。科学はなんといっても、確かな証拠がすべてである。このとき、ハッブルの主張に納得したアインシュタインは、すぐさま、新聞記者たちに向かって、静的な宇宙モデルを放棄して、膨張する宇宙を支持すると話したという（『図説アインシュタイン大全』A・ロビンソン編著、小山慶太監訳、寺町朋子訳、東洋書林）。

ところで、前述したように、一九九八年、アメリカとオーストラリアの超新星観測グループにより、宇宙の膨張はやがて減速するという予想をひっくり返す報告がなされ、膨張は加速していることが明らかにされた（そこには物質の重力に打ち勝って空間を押し広げる何かのエネルギーが働いているからである。それは暗黒エネルギーという名前がつけられたものの、その正体は不明である）。

このとき、標準光源として使われたのはⅠa型と呼ばれる超新星である。この星はそれまでの観測データから絶対光度がわかっており、しかもセファイド型変光星に比べはるかに明るいので（一個でそれが属する銀河全体に匹敵するくらい明るい）、遠方の天体までの距離を測るのに適している（九〇億光年のかなたまで観測されている）。

このように、標準光源が変光星から超新星へと変わり、観測技術の進歩は宇宙のさらなる深部まで光を当てられるようになったが、宇宙の加速膨張という、これまた〝コペルニクス的転回〟に値する発見も、その観測原理はハッブルが試みたものと同じである。つまり、二〇一一年のノーベル物理学賞はハッブルの業績に立脚して成し遂げられたといえる。

そういえば、『銀河の世界』にこういう一節がある。

科学は常に進歩する。確実な知識の体系は世代から世代に受け継がれ、各世代がその体系の発展に貢献する。このことはニュートンの、「もし、私がより遠くを見ることができているとしたら、それは巨人の肩の上に立っているからである」という言葉によく表わされている。現在、科学に携わっている人は、少なくとも前時代の人より広く見渡すことができる。

ニュートンが語ったとされる「巨人の肩」とは、先人たちの業績の積み重ねがあるからこそ、自分がその上に立って新しい真理をつけ加えることができたのだという意味である。そして、つけ加えられた新しい真理は巨人の肩に同化し、次にそこに立つ世代の人間はさらに遠くを見ることができるようになる。それが科学の進歩というものである。

ハッブルに対して巨人の肩の役割を担った重要な要素は、ドップラー効果や変光星の絶対光度の決定、大型望遠鏡の建設を可能にした技術などであろう。それから七〇年の時を経て、ハッブルの業績が同化し、より高くなった巨人の肩に乗った天文学者たちが、文字どおり、宇宙のさらに遠くの深部を見ることによって、宇宙の加速膨張を発見したのである。

『銀河の世界』を執筆したとき、ハッブルは自分の発見がその一部に盛り込まれることになる巨人の肩の上に、いつか誰かが立ち、こうしてより遠くの光景を見るであろうことをはたして予測したのであろうか。

ケストラー　一九七一年

『サンバガエルの謎』

人間の営みには何事においても、光と陰、明と暗が対を成してつきまとうものである。科学の世界もその例外ではなく、データの捏造《ねつぞう》に代表される悪質な研究不正が残念ながら後を絶たない。比較的最近の事例でいえば、一時、連日のようにテレビのワイドショーを賑わした二〇一四年のSTAP細胞騒動はまだ記憶に新しい。また、二〇世紀初めにイギリスで起きたピルトダウン人事件（何者かがヒトと類人猿の特徴を併せもつ化石を偽造し、人類進化の〝失われた環《ミッシング・リンク》〟を埋める証拠が発掘されたと騒がれた出来事。5章参照）は、数十年にわたって古人類学の研究を混迷に陥れた。一九八〇年代にコーネル大学で起きた、大学院生による発がんメカニズムを解明したとする論文のデータ捏造事件も有名である。彼は〝黄金の腕〟をもつ天才と称えられ、史上最年少のノーベル賞受賞者となる日も間近かといわれたが、やがて不正が発覚したのである。

こうした科学を冒涜《ぼうとく》するとんでもない行為はさまざまな分野で起きているのであるが、興味深いことに、欺瞞《ぎまん》が発生する頻度にはある種の偏りが見られるようである。この点について、次のような指摘がある（『背信の科学者たち』W・ブロード、N・ウェード著、牧野賢治訳、化学同人）。

〝ハード〟な科学（たとえば高度に数学的な内容をもつ物理学のような）では、欺瞞の発生率はやや低い。これは数学という厳密な論理構造が、事実上、捏造を不可能にしているのであろう。したがって、高度に数学化された科学は、それぞれ欺瞞に対してある確実な防護力を備えているといえる。

かつて物理学の研究に身を置いた私の経験に照らし合わせてみても、この指摘は的を射ていると思う。一方、欺瞞に対する防護力が甘い分野になるのが、生物学、医学とその周辺領域になる。物理学のようにハードな科学は数学を用いた理論と再現性のある実験によって、結果に対する客観性がかなり保証されている。研究の透明度が高いといえる。そのぶん、インチキ行為のつけ入るすきが少なくなる。これに対し、防護力の甘いとされる分野は、ややもすると実験を行う研究者の個人的な〝職人業《しょくにんわざ》〟に依存する傾向が見られ、それが結果の検証に時間がかかる要因となっている。

なお、次の話はデータ捏造ではなく、当事者も周囲の人々も実験結果の解釈を誤ったために起きた不幸な事例であるが、この防護力の甘さを物語る出来事が一九二六年度（授賞は一九二七年）のノーベル医学生理学賞に起きている。この年、同賞はデンマークのフィビガーに贈られた。その授賞理由は「がんの原因となる寄生虫の発見」であった。フィビガーはネズミを使った実験で、ゴキブリを中間宿主とする寄生虫（スピロプテラという線虫）がゴキブリを食べたネズミの胃にがんを発生させることを突き止めたのである。

ところが、一九五二年、ネズミの病変はがんではなかったことが判明した。フィビガーは不正行為を働いていたわけではなかったものの、生物学や医学の関連分野では、ノーベル賞を舞台に、こうした防護力の甘さを露呈する事件が起きているのである。フィビガーはまさしく科学研究の光と陰を身をもって演じたわけであるが――幸か不幸か――、その事実を知ることなく一九二八年、大腸がんで亡くなっている。

ところで、一九二六年、渦中の科学者のピストル自殺という悲劇的な結末により、真相が解明されぬまま今日に至っている、科学史上有名なスキャンダルがある。自ら命を絶ったのはオーストリアのカンメラーで、フランスのラマルクが一九世紀の初めに提唱した「獲得形質の遺伝説」をカエルを使った実験で証明しようとした生物学者である。

ここで獲得形質とは、生物が環境に適応しようと努力した結果、獲得した身体構造上の変化であり、それが親から子へ遺伝するというのがラマルクの説になる。多少誇張していえば、肉体労働を続けて体を鍛え上げた父親の息子は逞《たくま》しい体つきを受け継ぎ、訓練を通してスリムな体つきになったモデルの娘にはスタイルのよさが遺伝しやすいということになる。

ダーウィン学派の生物学者はラマルクの説を否定していたが、その説を信奉していたカンメラーはそれを証明すべく研究に取り組んでいた。ところが、データ捏造の疑惑が浮上、カンメラーは自殺、すべては闇の中に葬り去られたのである。

この一連の流れを、作家であり科学評論家としても活躍したイギリスのアーサー・クストラー（出身はハンガリー）が一九七一年、一冊のドキュメンタリーにまとめ発表している（邦訳は『サンバガエルの謎』石田敏子訳、サイマル出版。以下、引用は同書による）。

書名にあるサンバガエルとはカンメラーが使った実験動物で、オスが卵を後肢にくっつけて育てるところから、この名前（Midwife Toad）がある。カエルは普通、水中で交尾するため、繁殖期になると、オスの掌には水中でメスの体から滑り落ちないよう黒ずんだ隆起（婚姻瘤《こんいんりゅう》）が現れる。ところが、サンバガエルは陸上で交尾するため、婚姻瘤は生じない。

そこで、ラマルク説を支持するカンメラーはサンバガエルを数世代にわたって、強制的に水中でしか交尾できない環境下で飼育すれば、オスに婚姻瘤が生じ、その形質が子に遺伝するのではないかと考えた。はたして一九〇九年、カンメラーは水中交尾を行わせたサンバガエルの子孫に婚姻瘤を確認したのである。

ところが、ダーウィン学派の生物学者たちから、カンメラーの実験結果に対し強い疑念が示された。何らかの人為的操作を施し、婚姻瘤が生じたように見せかけたのではないかというわけである。こうした批判、誹謗《ひぼう》に対しカンメラーは一九一七年、実験手順を詳しく記述した論文を発表し、他の研究者に追試を呼びかけた。

前述したコーネル大学の発がんメカニズムの論文にしてもＳＴＡＰ細胞にしても、不正が露呈するきっかけは、追試を行ったどこの外部研究機関も実験が成功しなかったことであった。つまり、再現性がまったく見られなかったわけである。

わかりやすい例をあげると、ガリレオの落体の法則や振り子の等時性は実験の手順さえ間違えなければ、誰が行っても――たとえ初学者であっても――同じ結果（誤差はあっても）が得られる。そこに実験の客観性、法則の普遍性が保証される。それが科学である。発がんメカニズムもSTAP細胞もその要件をまったく満たしていなかったわけであり、ついには論文の撤回に追い込まれた。

そう考えると、詳しい論文を書き、疑念を晴らすべく追試を広く呼びかけたカンメラーにはやましいところはなく、実験結果に自信をもっていたような気がする。しかし、事はそう簡単にはいかなかった。いささか皮肉な話ではあるが、サンバガエルを自然とは異なる環境下で交尾させ、世代を継いで飼育させるには、カンメラーならではの天才的な技術があってはじめて可能であり、他の研究者にはそれが難しかったからである。そうなると、追試そのものが不可能になる

この点について、カンメラーの師であるプシブラムの見解が『サンバガエルの謎』ではこう紹介されている。

カンメラーのように動物を取り扱える人間を、私はみたことがない。

しかしこの才能は、結果的には、長所であると同時に短所でもあった。というのは、追試方法の主眼点は、初めの実験を確認するために、同じ実験条件下で繰り返し同じ結果を得ることにある。もし、後に続く実験者たちが、最初に行ったのと同じ期間または同じ世代の間、実験

動物を生かしておくことに失敗したら、もちろん彼らは、最初の実験結果をテストしたり、確認したりはできないことになる。

著者のケストラーも、「カンメラーは一種の奇術師であり、人工的に変化させた環境下で両生類を生殖させることに成功したのは、後にも先にも彼以外はいない」と書いている。

奇術と科学は相容《い》れない。奇術師のような他人にはまねできない天才的な技術で実験を成功させたのだとしたら、真実は闇の中に消えてしまう。

というわけで、追試が極めて困難となると検証の唯一の鍵は、婚姻瘤をもつサンバガエルの標本である。ところが、第一次世界大戦の最中、標本のほとんどは失われ、残るのは一体だけになってしまった。

一九二六年、ウィーンに保存されていたその貴重な標本をアメリカの生物学者ノーブルが調べたところ、驚愕的な事実が明らかにされた。カエルの掌にはそれらしく見せかけるためであったのであろう、墨が注入されていたのである。このとき、こうした事実を聞かされて一番驚いたのは、カンメラー本人であったという。確かに彼自身がそうした偽造を行ったのであれば、ノーブルに標本の調査をさせなかったような気がする。専門家が分析すれば、そんな稚拙なごまかしはすぐ見破られるはずだからである。

そうだとすると、カンメラーの知らぬところで誰かが墨を注入したのであろうか。何のために。

あるいは、プシブラムが推測するように、実験を手伝った誰かが日光に晒されて瘤の黒色が消えるのを防ぐため、目印となるよう標本に手を加えたのであろうか。

ノーブルの調査報告が科学誌『ネイチャー』に掲載された一か月半後、カンメラーは自殺した。『背信の科学者たち』に、こういう一節がある。

科学は抽象的な知識ではなく、人間による自然の理解である。また、真理に仕える者による自然の探究という理想化されたものでもなく、希望やプライド、欲望といった通常の人間の感情や、さらには科学者により讃えられているさまざまな美徳によって支配されている人間的な過程である。

『サンバガエルの謎』はまさに、今も謎のままである。そして、その謎は引用文にあるように、科学もまた人間の営みであるという、考えてみれば——あるいは考えてみるまでもなく——当たり前のことを物語っている。そこには、通常の人間の感情が渦巻いているのである。

COLUMN

朝永振一郎　一九四九年
「光子の裁判」

私は学生時代、早稲田大学で催された朝永振一郎（「量子電磁力学の基礎的研究」で一九六五年ノーベル物理学賞）の講演を聞いたことがある。当時は、講演内容に対する関心よりも、ノーベル賞受賞者の顔が見られるという、いたってミーハー的な動機で会場に足を運んだのであったと思う。というわけで、どんな話を聞いたのかは——もったいなくも情けないことに——ほとんど忘れてしまったものの、朝永のユーモアをまじえた軽妙な語りは今も記憶に残っている。

そういえば、朝永は落語好きとして知られていた。ノーベル賞のお祝いに門下生たちが、先生の肖像画を贈ろうとしたとき、「額縁に入るよりも風呂に入りたい」と答え、あらたまった申し出を辞退したというエピソードをどこかで読んだことがある。理論物理学の大家は洒落が巧みな粋人であった。

朝永のそうした人柄と物理学者像を表す作品に、一九四九年、『基礎科学』に発表された「光子の裁判——ある日の夢——」と題するエッセイ風に綴《つづ》った量子力学の解説がある（『朝永振一郎著作集8　量子力学的世界像』みすず書房に収録）。

先ほどアインシュタインの節で触れたように、光は波（電磁波）と粒子（光子）という古典物理学では相容《い》れなかった二つの性質を同時に兼ね備えている。同じことは電子にも当てはまる。こうしたマクロの世界には見られない、人間の素朴な感覚ではとうてい理解しがたい〝二重性〟を朝永は裁判仕立ての戯曲形式で、得意の洒落を織り込みながら綴ったのである。

舞台は法廷、登場人物は人の家の窓を通って室内に侵入した容疑で逮捕された被告、弁護士、検事、判事、そして傍聴人の朝永本人である。

裁判の争点は、被告の侵入経路である。被告は部屋にある二つの窓の両方を一緒に通って室内に入り、壁際の一箇所で捕まったと主張する（ここに、〝粒子と波の二重性〟という概念が込められている。ちなみに、被告の名前は「波乃《なみの》光子」という。「光子」は「こうし」ではなく、「みつこ」と読ませるのであろう。ジョークが込められている）。これに対し、検事はそんな〝ひょうたん鯰《なまず》〟のような答弁には納得できないと怒り出す。

そこで、弁護人が被告立ち合いのもと、実地検証を提案し、現場で多くの警察官が見守る中、量子力学の論理を段階を追ってわかりやすく展開しながら、被告人の主張の正しさを証明していくのである。そして最後に、ひょうたん鯰のような非常識に思われていた被告の答弁をみごとに説明した有能な弁護士の正体が明かされ、その先に、思わず「うまいなあ！」と唸りたくなるような落ちがついて、裁判劇は幕となる。まさに落語好きのノーベル賞物理学者の面目躍如といったところである（さあ、弁護士の正体は誰だったのでしょう）。

徐々に真相に迫る弁護士の論法が実にみごとなので、私は以前、法学部の親しい教授に「光子の裁判」を教材として使ってはどうかと提案したことがある。そう思うほど、この作品は量子力学の概念を素人に伝えるうえで、出色の出来映えとなっている。

5章

遺伝子と古生物学と人類の進化

（二〇世紀後半）

ワトソン　一九六八年
『二重らせん』

セイヤー　一九七五年
『ロザリンド・フランクリンとDNA』

もう三〇年近くも前になるが、私は『科学者はなぜ一番のりをめざすか』（講談社ブルーバックス）という小著を物したことがある。科学の発見をめぐって繰り広げられる激しい先取権《プライオリティ》争いを、ガリレオ、ニュートンの時代から現代のノーベル賞まで具体的な事例をあげながら論じたものである。

本書を書く一つのきっかけとなったのが、ジェームズ・D・ワトソンの『二重らせん』（江上不二夫、中村桂子訳、講談社文庫）を読んだことである。著者は一九五三年、ケンブリッジのキャヴェンディッシュ研究所で同僚のフランシス・クリックとともに、DNAの二重らせん構造を突き止め、一九六二年、三四歳でノーベル医学生理学賞を手にした個性溢《あふ》れる科学者である。その六年後（一九六八年）に出版されたのが、ロングセラーとなった『二重らせん』である。

そこには、アメリカからイギリスにやってきたまだ二〇代前半の若者がノーベル賞を獲得したいという野心むき出しに、権謀術数を尽くしながら、DNAの構造解明の一番のりをめざす赤裸々な姿が生々しく描かれている。しかも、ノンフィクション作家や科学ジャーナリストがインタビューや資料をもとに綴《つづ》ったのではなく、本人自らの筆による作品であるだけに迫力満点で、生々しさがいっそう増してくる。かなり露悪的な印象も受けるが、こういう性格の本をノーベル賞受賞者が臆面もなく出版したという異色さに、好奇心が煽《あお》られた。

この本を通して伝わってくる強烈なインパクトは、科学者の胸に秘めた――ワトソンの場合は秘めることなく、さらけ出しているが――自己顕示欲にある。ややもすると、一般の人は科学の研究というと、純粋に真理の探究のみに没頭する冷徹で超然とした営みと思いがちであるが、『二重らせん』はそうした素人考えを木っ端微塵《こばみじん》に砕いてしまう。当たり前の話ではあるが、ワトソンの回想録は科学もまた、学界さらには社会に認められたいという自己顕示欲に駆られた生身の人間による行為であることを教えてくれる（そうした面が極端に歪んだ形で露呈するのが、4章で述べた研究不正であろう）。

さきほど触れた拙著は、科学の歴史を研究成果をたどるだけでなく、ワトソンがむき出しにしたような人間性の面にも注目して綴ってみたら面白いのではと考え、生まれたわけである。科学研究は一番のりを賭けた競走であり、栄誉――現代では、その頂点に位置づけられるのがノーベル賞であろう――をつかみ取ろうとする戦いでもあるといえる。

さて、二〇世紀の半ば、生物の遺伝は細胞の染色体に存在するＤＮＡ（核酸という物質）が鍵をにぎっていることがほぼ明らかにされていた。そして、ＤＮＡには四種類の塩基（含窒素有機化合物）が含まれていることが知られていた。

一九四八年、アメリカのシャルガフ（オーストリア出身）は多くの生物種のＤＮＡについて調べたところ、いずれの試料に関しても、四つの塩基のうち、アデニン（A）とチミン（T）の分子数が等しく、またシトシン（C）とグアニン（G）の分子数が等しいことに気がついた。この二組の塩基の等量性を示す「シャルガフの法則」が、ワトソンとクリックにDNAの構造を解き明かす重要な手掛かりを与えたのである。

そしてもう一つ、それが二重らせんを成しているという結論に到達するうえで貴重な情報を与えたのが、キングス・カレッジ（ロンドン）のウィルキンズと女性科学者ロザリンド・フランクリンが独立に撮影したDNAのX線回折写真である。彼ら二人の論文はそれぞれ科学誌『ネイチャー』一九五三年四月二五日号に、ワトソンとクリックの共著論文に続いて掲載されている。ワトソンとクリックはこの論文の中でシャルガフの実験結果を引用し、また、「我々はウィルキンズ博士とフランクリン博士ならびに彼らの共同研究者による未発表の実験結果とアイデアに刺激を受けた」と謝辞を述べている（未発表の実験結果とは、DNAのX線回折写真を指している）。

ところで、X線の回折を利用して物質の構造（物質を構成する原子の立体的な配列）を決定する方法は元々は、イギリスのウィリアム・ブラッグ（父）とローレンス・ブラッグ（息子）が一九一〇年代の初めに開発した物理学のテーマであった（この業績で父子は一九一五年、ノーベル物理学賞を贈られている。なお、このとき息子のローレンスは二五歳であった。科学三部門で二〇代にノーベル賞に輝いたのは今日まで、ローレンス・ブラッグただ一人である）。初めは構造が比較的単純な結晶の原子配列が調べられていたが、実験技術の向上とともに複雑な構造をもつ物質にも適用されるようになり、やがてDNAという巨大な

ワトソン『二重らせん』
セイヤー『ロザリンド・フランクリンとDNA』

高分子もその射程に捉えられてきたのである。

つまり、ワトソンとクリックが成し遂げたことは物質科学と生命科学という異分野が融合するという歴史的な出来事であった。換言すれば、物理学の方法の汎用性の高さを示す出来事でもあった。DNAの二重らせんは遺伝のメカニズムを解き明かし、広範囲に応用される遺伝子工学という新しい技術を生み出したことを考えると、二〇世紀でもっとも偉大な発見の一つに位置づけられようが、同時にそれは科学方法論の視点で捉えても、偉大で革新的な前進であったのである。

『二重らせん』には、そうした科学の二つの潮流が動き始めた二年間（一九五一～五三年）に、ワトソンがクリックと〝大願成就〟を果たすまでの道程《みちのり》が、饒舌《じょうぜつ》で独善的で歯に衣着せぬ筆遣いで速射砲のごとき勢いのもと綴られている。そこには、二〇代の一人の若者としてのプライベートな生活も明かされており、また、研究の競争相手との駆け引きやノーベル賞受賞者を含む研究の最前線にいた科学者たちとの交流が詳細に語られている。

それは世紀の大発見を成し遂げた野心的な人物の青春ドラマといった趣がある。こうした刺激的な面白さが、『二重らせん』を科学ものとしては異例なロングセラーに押し上げた所以《ゆえん》であろう。

さて、一九五三年の春、DNAの二重らせんモデルを組み立て、論文を書き上げるに至ったときの興奮をワトソンは次のように綴っている（引用は前掲の講談社文庫による。なお、文中のブラッグ卿とは当時、キャヴェンディッシュ研究所長の職にあったローレンス・ブラッグである）。

論文は、ほぼ完成の形をとってから、ブラッグ卿に一読してもらった。彼は表現を変えた方がよい点を二、三指摘した後、顔をほころばせて、強力な添え状をつけて『ネイチュア』誌へ送ることを快諾してくれた。DNAの構造解明という事件に、ブラッグ卿は心の底から幸福を味わっていた。〔中略〕生命の本質のナゾを解く中心的役割を果たしたのは、ほかならぬ、卿が四十年前に開発したX線回折法であったことが、卿の喜びをいやがうえにも大きくしたのである。

ワトソン『二重らせん』

ブラッグにしてみれば、かつて父親と開発した物質構造を解明する実験手法を用いて撮影されたX線回折写真を手掛かりにして、自らが所長をつとめるキャヴェンディッシュ研究所の二人の若手が――奇しくもこのとき、ワトソンはブラッグがノーベル賞を受賞したときと同じ二五歳であった――、当時、生命科学の最重要課題ともいえるテーマを解決したのであるから、まさしく科学者冥利《みょうり》に尽きる思いであったろう。

セイヤー『ロザリンド・フランクリンとDNA』

『ネイチャー』に掲載されたワトソンとクリックの論文は刷上がりたった一ページの短いものであった。「量より質」とはまさにこういう芸当をいうのであろう。そして、その書き出しがまた、次のように実に簡潔で読む者を引き込む名文である。

我々は、デオキシリボ核酸（DNA）の塩の構造を提案したいと思う。この構造は、生物学的にみてすこぶる興味をそそる斬新な特徴を備えている。

そして、今ではすっかりおなじみになった二重らせんを成すＤＮＡの模式図が添えられている。この書き出しの一文と一葉の模式図だけで十分、論文の価値が伝わってくる。情報発信のパフォーマンスとしても、お手本になる内容である。

私は大学の講義で、ワトソンとクリックの論文を何度か教材に使ったことがあるが、その際、必ず今述べたように、文章表現におけるパフォーマンスの重要性を説いたものである。どんなにすぐれた内容でも、表現方法に人を惹《ひ》きつける魅力がなければ、見過ごされてしまうからである。

『二重らせん』はノーベル賞につながることになるこの論文の完成をもって、大団円を迎える。日本人の民族性からすると、相当にあくの強いワトソンの筆致はいささか辟易《へきえき》とさせられる箇所も多々あるものの、そうした個性の強さから、科学研究にかけた一人の青年の情熱が読み取れる。たとえそこにノーベル賞をターゲットにした野心と自己顕示欲がむき出しになっていても、一つのことにこれだけ精神を集中させ、ついにはそれを成し遂げた生き方には心打つものがある。

ところで、『二重らせん』ではワトソンの周辺で活躍していた多くの科学者について、彼らの研究内容だけでなく、人間的な側面――もちろん、それはあくまでもワトソンから見た一方的な理解と印象に過ぎないが――が、舌鋒鋭く、攻撃されている。ブラッグが同書に寄せた「序文」の中で、

「この本の中に登場する人びとはできるだけひろい心で本書をお読みいただきたい」とわざわざ断りを入れたのも、そうした点を少し心配してのことであろう。

しかし、ブラッグの心配が現実となる本が『二重らせん』刊行の七年後（一九七五年）に出版された。アメリカの作家アン・セイヤーの手になる『ロザリンド・フランクリンとDNA』（邦訳は深町眞理子訳、草思社）がそれである。フランクリンとは前述したDNAのX線回折写真を撮影し、ワトソンとクリックが二重らせんモデルを組み立てるのに貢献した女性科学者である。ワトソンは自著の中で、彼女の業績に高い評価を下さなかっただけでなく、ロザリンドを〝ロージー〟と呼び、個人攻撃とも取れる感情的な批判を繰り返し綴っている。

不幸なことに、フランクリンは一九五八年、三七歳の若さで病死したが——したがって、本人は『二重らせん』の中で自分がこき下ろされることを知ることなく亡くなっている——、〝義憤〟を感じたセイヤーがいわば本人になり代わって、反論の筆を執ったのである。

同書の解説（中村桂子による）にこうある。「本書の著者セイヤーは、ワトソンが『二重らせん』の中でロザリンド・フランクリンを〝ロージー〟なる女性につくり上げて不当な扱いをしているとして、彼女に近しく接し彼女の人柄を熟知している友人として黙っているわけにはいかないと、今では自らの弁明は不可能であるロザリンドに代わって彼女の立場からのもう一つの記録を書いたのである」。

セイヤーは多くの関係者から聞き取りを行い（その中にはワトソンもいる）、この本を仕上げている。

ワトソン『二重らせん』
セイヤー『ロザリンド・フランクリンとDNA』

そこに描かれたフランクリンのキャラクターや科学者としての生き方についての評価がワトソンと真っ向から対立するのは、予想されるとおりである。これについて読者はどちらに軍配が上がるのかを判断することはできない。

しかし、フランクリンの科学上の業績については二重らせん模型にたどりつくまでの流れを考えると、彼女が果たした役割の重大さを主張するセイヤーの論に説得力を感じる。ワトソンは二〇一一年に行われたインタビューにおいても、「フランクリンはＤＮＡのＸ線結晶構造解析写真を撮って一年経っても、その意味を理解することができなかったが、自分とクリックは写真を見るなりすぐに、それについて解釈を下すことができた」という趣旨のことを語っている（『中央公論』二〇一一年一二月号）。しかし、彼女が撮った写真がなければ、彼ら二人が二重らせんにたどりつくまでの道程はもっと長かったように思われる。

ノーベル賞の科学部門の受賞者は毎年、各部門とも三人までという人数制限がある。一九六二年は、二重らせんを考えついたワトソンとクリック、ＤＮＡのＸ線回折写真を撮影したウィルキンズの三人である。そこで、もしフランクリンが若くして死を迎えることがなかったら、この年、医学生理学賞の選考委員会はたいへんな難題を突きつけられていたことになろう。

私はこの分野のまったくの門外漢であるが、一九五三年の『ネイチャー』に載った論文を見ると、ウィルキンズが撮った写真よりもフランクリンの写真の方が素人目にも鮮明できれいなことがわかる。ブラッグ父子が開発したＸ線構造解析という手法をＤＮＡという複雑な構造の高分子に応用する技術において、フランクリンは間違いなく第一人者であったのである。
ノーベル賞に関する歴史の〝ｉｆ《もし》〟をこれ以上論じても仕方がないが、ワトソンの著書とセイヤーの反論を読み比べてみるのは、ＤＮＡをめぐる最前線の研究の舞台裏を知るうえで興味深い読書体験になると思われる。

ワトソン　『二重らせん』
セイヤー　『ロザリンド・フランクリンと DNA』

パウエル　一九九八年
『白亜紀に夜がくる』

二〇世紀後半になってから急速に発展した科学分野の一つに古生物学があげられる。中でも、子供から大人まで人気があることから注目度が高い恐竜研究は進捗著しい。

一九世紀前半に化石が発見されて以来、恐竜はのろまで愚鈍で図体がでかいだけというイメージで捉えられてきたが、近年、その生態、進化、身体能力、知能などに関し、従来抱かれていた先入観を覆す研究成果が次々と発表され、恐竜像は一新されつつある。その意味で、この分野にも変革の時が訪れたといえる。

ところで、この変革を促した重要な出来事に、彼らが絶滅した原因の解明がある。一億数千万年以上にわたって進化、繁栄を続け多彩な種を生み出した恐竜はおよそ六五〇〇万年前、突然、姿を消してしまったのである（このとき、恐竜以外にも七〇パーセント以上の生物種が絶滅したと考えられている）。

長い間、どうして彼らは皆、いなくなってしまったのかは、大きな謎であった。そこで、さまざまな憶測をまじえ――科学的なものから非科学的な珍説、奇説まで――、絶滅の原因を説明しようとする多くの可能性が唱えられてきた。それらをアメリカのイェプセンが一九六四年、『アメリカン・サイエンティスト』にまとめている（その一覧は『恐竜の謎』J・N・ウィルフォード著、小畠郁生監訳、河出書房新社にも載っている)。

それを見ると、気象条件の悪化、食糧事情の悪化、病気、寄生虫、形態異常、代謝異常、大気成分の変化などから始まって、神の意志、宇宙人の襲来、ノアの箱船が満員といった、神話かＳＦまがいの荒唐無稽な仮説まで、およそ考えつきそうなことはあらかた出尽くした感のある雑多で混沌とした様相を呈していた。

しかし、いずれの説もいわば思いつきの域を出ておらず、それを証明する証拠《エビデンス》に基づいて提唱されたものではなかった。この問題が科学の俎上《そじょう》にあがるためには、恐竜を絶滅させた確たる証拠が必要であった。

はたして、その時は一九八〇年に訪れた。「白亜紀─第三紀における絶滅に関する地球外の原因」と題する論文が、アメリカのルイス・アルヴァレスらによって科学誌『サイエンス』に発表されたのである。論文のタイトルにある〝地球外の原因〟とは巨大な隕石(小惑星、彗星などの小天体)の落下であった。そして、その痕跡を物語る証拠は地層に含まれるイリジウムという元素の濃度であった。

なお、この研究を主導したアルヴァレスは恐竜の専門家でも古生物学者でもなかった。彼は一九六八年にノーベル物理学賞を受賞した素粒子物理学の実験家であった。つまりはまったくの門外漢が並みいる専門家を横目に、彼らが解決できなかった積年の謎を片づけてしまったのである。

恐竜絶滅の隕石衝突説はその後、証拠が蓄積され、またそのシナリオもわかりやすいため、今日では定説として受け入れられるようになったが、発表当初しばらくは、その道の専門家たちから厳しい批判が浴びせられた。古生物学者や地質学者にとって、アルヴァレスの説は突拍子のないものに思われたこともあろうが、彼らが強い拒絶反応を示した理由はそうした学問上のことだけではなかった。

彼らにしてみれば、この分野のど素人——たとえノーベル賞受賞者とはいえ——が新説を掲げて自分たちの〝島《シマ》〟に乱入し、学界の常識を覆そうとするかのような振る舞いに反感を抱いたのである。嫉妬心も渦まいていたように映る。要するにおもしろくなかったのである。そこから、アルヴァレスに対する攻撃は学問論争というよりも、多分に感情的な要素が強い、過激なものとなっていった。

というわけで、アルヴァレスがとった行動は二〇世紀の現代科学史の中で次の三つの点で興味深い事例となったのである。

まず、説そのものが証拠に基づいており、説得力がある。そして、ストーリーがわかりやすいという特徴がある。そこには地球史の壮大なドラマが描かれており、一般の人でも興味を惹《ひ》かれる魅力がある。次に、専門家を悩ませていた謎を門外漢の物理学者がみごとに解いたという、これまたドラマ性に富んだ展開があげられる。科学が極度に専門化、細分化された二〇世紀において、異分野の人間がこれほどの〝大金星〟をあげるということは、きわめて特異な出来事だからである（換言すれば、古生物学や地質学は物理学などに比べ発展途上にあり、門外漢が参入できる余地がまだ残されていたのである）。そして三つ目は、科学上の論争が当事者の感情に強く影響されるという状況が呈されたことである。そこには人間臭いドラマが見て取れる。

ここで取り上げる『白亜紀に夜がくる』(J・L・パウエル著、寺嶋英志、瀬戸口烈司訳、青土社)には、このように専門家たちから〝戯言《たわごと》〟と罵《ののし》れた隕石衝突説がやがて〝定説〟として確立されるまでの激しい論争の流れが、克明かつドラマティックに綴《つづ》られている。そして、ドキュメンタリーを読む面白さがある。


それでは、話をわかりやすくするため、隕石衝突説誕生の経緯を簡単に触れておこう。

事の発端は、一九七〇年代の半ばから北イタリアの地層の調査をしていたアルヴァレスの息子ウォルター(地質学者)が、白亜紀から第三紀に移り変わる石灰岩の断層に、厚さ一センチメートルほどの薄い粘土層を見つけたことであった。この粘土層が形成されたのは約六五〇〇万年前であり、恐竜が絶滅した時期と一致していた。息子からこの話を聞いたアルヴァレスは粘土層と生物の大量絶滅には関連があるのではないかという考えが浮かんだという。こうした閃《ひらめ》きは、さすがノーベル賞受賞者だと思う。

そこで、父子は核化学者の協力を得て、この粘土層とそれを挟む上下の石灰岩層に含まれるイリジウム濃度を測定してみた。イリジウムは宇宙塵や隕石に多く含まれる元素で、地殻に存在するイリジウムは過去に宇宙から運ばれてきたものと考えられている。宇宙塵や隕石が飛来する割合は長い時間スケールで平均すれば、ほぼ一定とみなせるので、粘土層に含まれるイリジウムの量を測定すれば、この地層が形成された時間を推定できると、アルヴァレス父子は考えたのである。

こうして核化学者の協力のもと測定が行われたところ、驚くような結果が得られた。粘土層のイリジウム濃度は上下の石灰岩層に比べ三〇倍も高い異常値を示していたからである。そして不思議なことに、他の元素の含有量には異常は見られなかった。

薄い粘土層にだけイリジウムが異常に多く含まれているというデータから、白亜紀の末期に突然、きわめて短期間に、この希少元素が宇宙から一度に多量に運ばれてきたはずだと、アルヴァレスらは考えたのである。そして、ついに、直径一〇キロメートルほどの巨大な隕石が地球に衝突したという結論に到達した。彼らが描いた恐竜絶滅のシナリオはおよそ次のとおりである。

六五〇〇万年前、巨大隕石の落下により、直径一〇〇キロメートルを超えるクレーターが生じた。衝突によって砕け散った隕石とえぐり取られた地殻は粉塵《ふんじん》となって上空に巻き上がり、気流に乗って地球全体を覆うようになった。その結果、太陽の光は暗幕を張ったように遮られ、地球は闇の世界に包まれた。〝白亜紀に夜が来た〟のである。そうなると、光合成は止まり、植物は死滅、その影響で多種の動物が姿を消し、食物連鎖の頂点に位置していた恐竜も短期間のうちに、絶滅に追い込まれた。それとともに、上空に漂っていた粉塵は徐々に地表に堆積し、イリジウムを多量に含む薄い粘土層が形成されたというのである。

なお、アルヴァレスらの論文発表から一〇年後、巨大隕石の落下により生じた直径二五〇キロメートルに及ぶクレーターが、ユカタン半島（メキシコ）の堆積層の中に存在することが発見された。

『白亜紀に夜がくる』の中に、一九九四年、アメリカのトゥーンらがこの衝突の衝撃のすごさをコンピュータ・シミュレーションで再現した様子が次のように描かれている。

それによると、六五〇〇万年前、ユカタン半島は浅い海であったので、隕石は水深一〇〇メートルほどの海域に着水した。この衝撃による地震が大規模な津波を発生させた。この津波は一〇〇メートルの高さに立ち上がり、秒速五〇〇メートルの速さで広がっていった。津波は海岸に達しても速度を落とさず、陸地内部に二〇〇キロメートルも侵入し、地球の半球分にある海岸平野を氾濫させた。

また、地震のマグニチュードは一二～一三に達し、隕石の落下地点から一〇〇〇キロメートル離れたところでも、地表は高さ数百メートルに波打った。そして、落下地点の温度は数万度に上昇し、半径数百キロメートルにあるあらゆるものが炎上したというのが、シミュレーションの結果である。まさに〝地獄絵〟そのものである。

なお、隕石が落下した場所が特定されたことに加え、イリジウム濃度が異常に高い六五〇〇万年前の粘土層が、初めて発見された北イタリア以外の地域でも数多く見つけ出され、隕石衝突説は証拠を積み重ねていった。

しかし、大勢が決するまでは、前述したように、隕石衝突説をめぐって、感情むき出しの激しくも酷い論戦がつづいたのである。反アルヴァレスの急先鋒に立った科学者たちの攻撃が数百編もの論文となって現れただけでなく、論争は互いに暴言を投げつけ合う――およそ真理の探求者たちの姿とは思えぬ――きわめて人間臭いものに陥っていた。
その有様は『白亜紀に夜がくる』にこう描写されている。

論争は実に醜悪なものに変わりはて、中傷が駆けめぐった。科学研究を行うということは、事後に書かれる教科書や科学論文が私たちに信じ込ませるようなきれいごとではない、ということが非常に多いのである。

この一節は科学もまた、所詮は人間の営みの一つに過ぎないという、考えてみれば当たり前のことを教えてくれている。きれいごとだけで済む人間の集団など、この世の中にはどこにもないのである。

ところで、この隕石衝突説は地球の生物の運命に地球外の力が直接、かくも強くかかわっていることを教えてくれている。

恐竜が絶滅したとき、哺乳類はトガリネズミのような形態をした夜行性の小さな生物であった。幸い絶滅を免れた彼らは恐竜がいなくなった世界で進化を続け、その延長線上に人類が現れたのである。巨大隕石が地球の重力に捕まらず、そのままかすめ通っていったとしたら（その時間差はほんのわずかなものであったろう）、恐竜がさらなる進化を遂げていたかもしれない。その場合、人類が現れる余地はなかった。

「無用の心配、取り越し苦労」を表すのに、「杞憂《きゆう》」という言葉が使われる。中国古代の杞の国の人が天が落ちてくると心配したという故事に由来している。しかし、実際に天は落ちてきたのである。そして、恐竜をはじめとする多くの生物種を絶滅させてしまった。だとすれば、いつの日か再び、天が落ちてこないという保証はない。そのとき、人類はかつての恐竜と同じ運命に見舞われるのかもしれない。

杞憂は決して杞憂ではないことを、白亜紀の夜は物語っている。

スペンサー　一九九〇年
『ピルトダウン』

ジョハンソン、エディ　一九八一年
『ルーシー』

古生物学と並んで、二〇世紀後半から著しい進歩をみせた分野に人類進化の道程をたどる古人類学がある。

ところで、もしこの事件がなければ、人類の揺籃期《ようらんき》の研究はもっと早くに軌道に乗っていたのではないかと思わせる出来事がある。それは4章の研究不正にまつわる話で例示した化石の偽造による「ピルトダウン人事件」である。

初めに事の顛末《てんまつ》をたどっておくと、次のような経緯になる。

一九〇八年から一二年にかけ、ロンドンの南六〇キロメートルに位置するサセックス州ピルトダウンの砂利採掘場で、ヒトを思わせる頭蓋骨の破片と類人猿の特徴を示す下顎骨の化石が出土した。第一発見者は化石の発掘を趣味とするアマチュア研究家のチャールズ・ドーソンなる弁護士である。

復元された化石を解剖学者、人類学者、動物学者、医学者などから成るチームが調べた結果、ヒトとサルの形態を併せもつ化石は人類進化の〝失われた環《ミッシング・リンク》〟を埋める現生人類の直系の祖先とみなされ、「ピルトダウン人」と名づけられた。化石から推定される脳の容積は、ジャワ原人やネアンデルタール人よりも大きかったからである。

化石の年代測定や復元方法、同じ場所で発掘された動物の骨や石器などについては一部、専門家の間で解釈の分かれるところはあったものの、各分野の権威たちが総合的に下した判断は広く受け入れられた。

それから一二年後の一九二四年、南アフリカの石灰岩の採石場で類人猿を思わせる化石が発見された。この化石を調べた解剖学者のダートはそれは初期人類（アウストラロピテクスと名づけられた猿人）のものと考えたが、ピルトダウン人の発見に興奮覚めやらぬイギリスの科学者たちは南アフリカの化石の重要性を見過ごしてしまったのである。

ところが、一九四〇年代に入るころから、アフリカで猿人の化石が相次いで見つかるようになったことなどから、人類進化におけるピルトダウン人の位置づけを再検討する気運が生じてきた。そうした状況の中、一九五三年に化石をあらためて調べ直したところ、とんでもない事実が判明する。件《くだん》の化石はヒトの頭蓋骨と類人猿の下顎骨を組み合わせた偽造品であったのである。ピルトダウン人の歯を電子顕微鏡で観察したところ、それらしく見せるために、研磨剤を使って削った痕が見つかった。また、化石の元素分析から、ピルトダウン人の骨は現代のものと判明した（なお、下顎骨はオランウータンのものを偽造していたことが、後に報告されている）。つまりは誰かがヒトとオランウータンの骨に細工を施し、砂利採掘場にそっと埋めておいたのである。

一九一〇年代はまだ、電子顕微鏡も放射性元素による年代測定法も開発されてはいなかった。また、高名な専門家たちがいとも簡単に偽造化石を本物と信じてしまった時代背景として、人類の起

スペンサー『ピルトダウン』
ジョハンソン、エディ『ルーシー』

源を他の地域ではなくイギリスに求めたいという潜在意識が彼らにはあったのかもしれない。

さて、化石が偽造されたものだと判明すると、不正を働いたのが誰なのか、そしてその動機は何だったのかという問題に関心が寄せられるようになる。

この科学史上もっとも魅惑的なミステリーを、膨大な資料を渉猟《しょうりょう》し、包括的に分析した労作が『ピルトダウン』（F・スペンサー著、山口敏訳、みすず書房）である。

偽造工作が明らかにされたとき、第一発見者のドーソンに真っ先に、疑いの目が向けられた（このとき、彼はすでに亡くなっていたので、直接、真相を問い質すことはできなかったが、状況からして、犯行にかかわっていたことは間違いないとみなされた）。ただし、ドーソンの本業は弁護士、彼は化石の採集を趣味とするアマチュアであった。

となると、ドーソンの関与は疑いのないものとしても、学界をこれほどみごとに、しかも長期にわたって欺くほど巧妙な擬装を成し得えたのは、彼の背後に高度な専門知識をもった――つまりは斯界《しかい》の相当な権威、碩学《せきがく》――〝黒幕〟の存在がちらついてくる。

『ピルトダウン』の著者スペンサーはミステリー小説さながら、資料を読み解き、綿密な調査を進め、黒幕の人物を炙《あぶ》り出していく。かつて、化石発掘と鑑定にかかわった人たちの中から何人もの人物が捜査線上にあげられていたが、スペンサーが割り出した犯人は今までの容疑者リストには載っていなかった意外な大物であった。

この本のカバーと本文中に、一九一五年、イギリスの王立美術院の五月展に出展され、大変な評判を呼んだというジョン・クックの絵が載っている。その絵とは、一九一三年に王立外科医学院で開かれた会合を題材にした作品で、そこにはピルトダウン人の化石を研究する七人の科学者とドーソンの計八人が、復元された頭骨を調べている光景が描かれている。全員が真剣で厳《いかめ》しい表情をしており、彼らを見守るかのように、後ろの壁にはダーウィンの肖像画が飾られている。

さきほどこの本についてミステリー小説さながらと書いた手前もあり、スペンサーの推理に基づく犯人が誰であったのかは、ネタバレを避けるため、ここでは伏せておくが、その人物はジョン・クックの絵の中にいることだけ触れて、〝寸止め〟とさせていただく。

それにしても、こうした研究不正を聞かされたとき、いつも感じるのは、なぜ彼らは真理の追究という科学者の使命を裏切り、〝メフィストフェレス(悪魔)〟に魂を売り渡してしまったのかという疑問である。この点に関連して、この本には次のような指摘がある。

この偽造犯人は、霊長類解剖学に関して、彼の欺いた名のある解剖学者たちの誰よりも深い造詣をもっていたはずである。それも一度だけでなく、繰り返し欺けるだけの知識を。それほどの知識を身につけながら、なぜ彼は自らのエゴを満足させるのに、自然人類学の第一人者になるという卒直な道を選ばなかったのだろうか。

スペンサーの推理が正しかったとしてという前提の上であるが、まさしくそのとおりだなと思う。

スペンサー 『ピルトダウン』
ジョハンソン、エディ 『ルーシー』

そして、この指摘は研究不正を犯し、科学の発展を阻害した人物すべてに投げ掛けたいものである。

ところで、このスキャンダルには今世紀に入り、新たな展開が見られた。二〇一六年、大英自然史博物館の研究チームが骨のコンピュータ断層撮影（CT）やDNA解析を施したところ、骨のひび割れが修復されていたことが確認された。また、二箇所で発掘された骨がいずれも一頭のオランウータンのものであることも判明した（一九五三年の再調査から六〇年余、科学・技術のさらなる進歩はまた新たな偽造の証拠を見つけ出したのである。科学上の悪事はいつか必ず、科学によって暴かれることを教えている）。

こうした擬装工作は、化石の発見から専門家たちの本格的な研究が始まるまでの流れを考えると、やはりドーソンにしかできなかったと結論づけられた。最新テクノロジーを駆使して証拠を積み上げ、ドーソン犯人説にいわば駄目押しをした感のある調査結果であるが、はたして彼は単独犯であり、黒幕の存在はなかったのであろうかという新たな謎が生まれてくる。

このスキャンダルは相当に根が深そうである。いつかまた、誰かがもう一つの〝『ピルトダウン』〟を書く日がくるかもしれない。

以上、好奇心をかき立てる出来事とはいえ、科学研究の〝影〟の部分の話がつづいたので、ここで趣を変え、二〇世紀後半における古人類学の〝光〟となった発見を綴《つづ》った本を紹介しておこう。

それは『ルーシー』（ドナルド・C・ジョハンソン、マイトランド・A・エディ著、渡辺毅訳、どうぶつ社）である。

この本の著者の一人であるジョハンソン（アメリカの人類学者）の調査隊が一九七四年、エチオピアのハダール地方で、三五〇万年前の猿人（アウストラロピテクス）のほぼ全身が復元できる化石を発見した。最初は後頭骨《こうとうこつ》の破片が見つかり、つづいて大腿骨《だいたいこつ》のかけらが、さらに脊椎骨《せきついこつ》、骨盤の一部、肋骨《ろっこつ》と一個体のヒトの骨格が調査隊の前に出現したのである。そのときの興奮ぶりを、ジョハンソンはこう語っている（以下、引用は前掲書より）。

発見の夜、私たちは、ベッドへ行こうなどという気になれなかった。話し続け、あびるほどビールを飲んだ。ビートルズナンバーの「ルーシー・イン・ザ・スカイ・ウィズ・ダイアモンド（ルーシーはダイヤを抱いて夜の空）」が近くのテープレコーダーから流れていた。私たちの歓喜は、その曲を最大の音量で、くり返しくり返し夜空に鳴りひびかせた。忘れがたい夜のいつ頃だったのだろうか――私は正確にはおぼえていないのだが――、新発見の化石をルーシーと呼ぶことにしよう、と決まった。

骨盤の特徴から、ルーシーは身長約一メートルの女性で、歯の状態から死亡年齢は一五〜三〇歳と推定された。脳の容量はチンパンジーとさほど変わらなかったようでありながら、三五〇万年前、猿人はすでに直立二足歩行をしていたことが明らかにされた。

ルーシーの骨には肉食獣の歯の跡が見られなかった。そこから、死因はライオンやサーベルタイガーに襲われたものではなく、病気か事故かは不明ながら、水辺で死にそのまま砂に覆われたため、死体は攪乱《かくらん》されずに深く埋め込まれ、骨は奇跡的に一個体を復元できるほど良好な状態で保存されていたとみなされた。

ジョハンソンはこうした状況を次のような文学的表現を使って記述している。

砂は、堆積物の重さで、岩と化していった。彼女は数百万年のあいだ、堅牢無比な墓に静かに横たわっていたのだ。ハダールの雨がふたたび彼女に光をもたらしたときまで——。

ルーシーが発見されるまで、もっとも古いヒトの全身骨格はおよそ七万五〇〇〇年前のネアンデルタール人のものであった。それより古い年代のヒトの化石は断片的なものしか見つかっていなかった。ところが、ジョハンソンらの発見により一気に三五〇万年前まで遡って全身骨格がそろい、しかも猿人は猿やゴリラのようなナックルウォークなどではなく直立していたことがわかったのであるから、ルーシーの出現は古人類学史上画期的な出来事となった。

このように、『ルーシー』にはフィールドワークならではの興奮を伴う発見のドラマと、化石から全身骨格を復元し、それを人類進化の系統樹の中に位置づけようとする地道な研究の舞台裏が綾《あや》をなして克明に綴られている。ピルトダウン人事件により、この分野は二〇世紀前半、一時、停滞と混乱を余儀なくされたが、その後、失われた時間を取り戻す勢いで発展を遂げている。それはなんとかして自分たちのルーツを知りたいという我々の知的欲求の現れなのであろう。

スペンサー『ピルトダウン』
ジョハンソン、エディ『ルーシー』

グールド　一九九六年
『フルハウス 生命の全容』
グールド　一九八九年
『ワンダフル・ライフ』

二〇〇二年に六一歳で亡くなったスティーヴン・J・グールドは、一九七二年に生物進化の断続平衡説を唱えたことで知られるアメリカの古生物学者である。断続平衡説とは生物は地質学的スケールで捉えれば、きわめて短期間に種の分化を進め、その後は、かなり長期にわたり、比較的変化の少ない安定期が続くとする説である。そして、この激変期と安定期が繰り返されることで、進化のパターンが形成されるとグールドは解釈したのである。

地球上に現れた最初の生命の痕跡は、およそ三五億年前の微化石（バクテリア）として残されているが、それから約二九億年の間、生命は単細胞のままであった。多細胞生物が誕生するのは、やっと六億年ほど前のことになる。そして、カンブリア紀と呼ばれる五億数千万年前、多細胞生物はわずか数百万年という短期間に、爆発的に多様な種を生み出したのである。その中にはヒトを含む脊椎動物の祖先に当たる脊索動物（ナメクジのような形態をしたピカイア）の姿もあった。

このように、断続平衡説に従えば、生物進化は漸進的な歩みを遂げるのではなく、長い安定期を破る短期間の種分化によるものになるが、この説については今も論争がつづいている。生物進化の研究というのは、物理学や化学のように実験を行って説の検証を行うことはできない。代わって、過去の痕跡（化石や地層など）を手掛かりに真実を追い求めていく作業になるので歴史学の側面があり、たとえ証拠をそろえても、その解釈には研究者によってある程度の幅が生じてしまうことは避けられないのであろう。

ところで、グールドはハーバード大学教授をつとめる古生物学の第一人者であるとともに、現代の〝啓蒙《けいもう》思想家〟とでも形容したくなるほど、生物学を親しみやすく解説することに長《た》けた練達の士である。彼はここで取り上げる『ワンダフル・ライフ』や『フルハウス生命の全容』（いずれも渡辺政隆訳、早川書房）をはじめとし、多くの啓蒙書を著している。そのどれもが意表を突く筆の運びで、生物の謎、不思議が楽しく語られている（ついでに付言しておくと、本のカバーにはグールドの顔写真が載っている。それを見ると、陽気で柔和な小太りのおじさんといった風貌をしており、本の親しみやすい筆致と合致している）。

さて、『ワンダフル・ライフ』は先ほど述べた〝カンブリア紀の爆発〟（多細胞生物の突然の多彩化）をテーマにしている。

一九〇九年、アメリカの古生物学者ウォルコットがカナディアン・ロッキー山中のバージェス頁《けつ》岩《がん》と呼ばれる岩層から、カンブリア紀に発生した多種類の生物の化石を発見した。そして、それらの化石を調べたウォルコットは、そのすべてを現生する節足動物の分類体系に当てはめて整理したのである。

グールド『ワンダフル・ライフ』
グールド『フルハウス 生命の全容』

ところが、やがてウォルコットによる分類をひっくり返すドラマが起きる。イギリスのウィッティントンらが一九六〇年代後半から二〇年余りをかけて化石を再調査したところ、その中のかなりの生物は既存の分類体系には属さない新種という結論に達したのである。しかも、確かに彼らは見たこともない奇妙奇天烈な形態をしていた。

グールド自身はこの再調査にかかわったわけではなかったが、こうした〃どんでん返し〃のドラマの展開をカンブリア紀の爆発で登場した奇妙な生物の復元図を多数挿入して解説している（その中には、眼が五つあり、前頭部から先端が爪状になった長いノズルを伸ばしたオパビニアなどのように、現生生物には該当するものがない形態をした多彩な代物《しろもの》が存在する）。しかし、爆発的に現れた多種多様の生物もその大半はやがて姿を消し、生き残った少数から次への進化が始まったのだという。

そして、グールドはバージェス動物群について新しい解釈がなされたことから、生物進化を考える上で〃偶発性〃という概念が重要になることを、この本を通し一貫して主張している。

仮に、生命進化のテープをカンブリア紀に巻き戻し、それ以降の記録を完全に消し去ってから、テープをリプレイしたらどうなるかという可能性について、グールドは次のように述べている（引用は前掲書より）。

テープを何度リプレイしても、そのたびに、進化は実際にたどられた経路とはぜんぜん別の道をたどることになるはずなのだ。しかしリプレイの結果が毎回異なるからといって、進化は無意味であり、意味のあるパターンを欠いているということにはならない。リプレイによって展開されるさまざまな進化の経路は、進化の歴史で実際に起こった経路と同じように、解釈することも、事実を踏まえたうえで説明することも可能なはずだからである。

グールド『ワンダフル・ライフ』

三五億年前の原始生命（バクテリア）から始まった進化の経路の延長線上に人類が現れたのは〝必然〟などではなく、幾重にも重なった〝偶然〟がもたらした、一つの可能性に過ぎないとグールドは言っているわけである。たとえば、白亜紀に巨大隕石が落下しなければ、恐竜が絶滅することはなく、哺乳類にチャンスはまわってこなかった。そして人類が生まれる可能性は摘み取られてしまう。そうなれば、進化はまったく異なる経路をたどることになるが、それはそれで、事実を踏まえて解釈、説明は可能であるというわけである。

つづいて、グールドはこう述べている。

進化が同じ道をたどるためには、何千もの段階がそっくり同じ順序で繰り返されるという信じがたいことが起きなければならない。〔中略〕初期の段階でちょっとした変更が加えられると、その変更がいかに小さかろうと、また、その時点ではぜんぜん重要そうには見えないとしても、進化はまったく別の流路を流れ下ることになる。

グールド『フルハウス 生命の全容』

このように、進化の道筋は偶然性によって大きく左右されると考えるグールドは、『フルハウス生命の全容』においても巧みな論理構成と誰も思いつかなかったような対比事例をもち出して、持論を展開している。その言わんとするところは、従来の生命進歩観（生命の歴史は進歩の歴史と捉える考え方）に対する激しい挑戦状になっている。

挑戦状を読むと、「目から鱗《うろこ》が落ちる」思いがする指摘が何箇所にもわたって見られ、グールド説に引き込まれていく。もちろん異論、反論を唱える専門家も少なからず存在するのであろうが、そうした応酬が議論を活発化して学問の発展をもたらすのである。

三五億年前の太古の海で、有機化合物が何らかの物理的、化学的刺激を受け、原始生命（バクテリア）が誕生した。ここで横軸を生物の複雑さ、縦軸を生物の出現頻度にとったグラフを描くと、バクテリアは生命体の構造としては最小限の複雑さをもつものであるから、それはグラフの一番左端に位置する。グールドはこれを「左壁」と呼んでいる。左壁からさらに左の方向へ移動すると、そこはもはや生命体ではなく物質の世界へ戻ってしまうので、生命が多様化するには、この左壁の右側、複雑さが増す方向に移動する他はない。

こうして、生物の構造の複雑さの出現頻度分布は時間とともに右へ進んでいくが、三五億年前と同様、現代でも、出現頻度の最大を占めるのがバクテリアであることに変わりはないという。そして、この複雑さに対する出現頻度のグラフで右端の位置（複雑さが最大のところ、現代ではヒトがそこにいる）を占める生物はいつの時代でも、種全体のうちのほんのわずかな割合に過ぎないと指摘し、こう述べている（引用は前掲書より。傍点は引用者）。

右端の位置を占めてきた種類を時代順に並べても進化の系列は構成しない。それらはむしろ、たまたまその位置を入れ替わり立ち替わり占めることになった雑多な種類なのだ。たとえば、バクテリア、真核生物、海生藻類、クラゲ、三葉虫、オウムガイ、板皮類魚類、恐竜、剣歯虎、ホモ・サピエンスといった順になる。最初の二つを除けば、次に続く種類の直接の祖先にあたる種類は一つもない。

つまりは偶発性の要素が大きく――引用文の「たまたま」にその思いが込められている――、そうだとすれば、前述したように、進化のテープをリプレイした場合、人類の誕生は起きず、そのたびにまったく異なる生物界が現出すると解釈できる。

ところで、さきほど『フルハウス 生命の全容』には誰も思いつかなかったような対比事例を掲げて持論が展開されていると書いたが、邦訳の書名のサブタイトル「四割打者の絶滅と進化の逆説」がまさにそれを表している。

アメリカメジャーリーグでは過去に打率四割を超える選手が延べで何人もいたが、一九四一年にテッド・ウィリアムズが四割六厘を記録したのを最後に、四割打者は〝絶滅〟してしまったそうである。そこでグールドは進化に関する持論を実証するため、四割打者絶滅の歴史を引き合いに出すという、なんともアクロバティックな業《わざ》を見せたのである（ちなみにこの本の「訳者あとがき」によると、グールドは野球好きで、ニューヨーク・ヤンキースの大ファンであるそうな）。

生物進化とメジャーリーグ、どう考えても何の脈絡もなさそうに思われるが、その二つを結びつけるという読者を驚かすような発想が浮かぶところにも、現代の〝啓蒙思想家〟の面目躍如の感がある。

さて、グールドによると、メジャーリーグの世界では四割打者は姿を消し、最高打率は下がっている一方、逆に最低打率は時代とともに上昇し（つまり、最高と最低の差は縮小し）、リーグ平均打率は常にほぼ一定に保たれているという。四割打者が現れなくなった理由を問われると、誰しも投手力や守備力が向上したためと考えがちである。しかし、昔に比べ、レベルアップしているのはなにも投手力や守備力だけでなく打撃力もまたしかりなので、メジャーリーグ全体で投打の相対的な力関係を示す平均打率に変化は起きていない。

つまり、二〇世紀前半に比べ、現在では投・打・守にわたるあらゆる技術が高くなっているため、平均値からの変異幅が狭まっていると、グールドは分析している。逆説的な印象を受けるが、要するに四割打者の消滅はメジャーリーガーのプレー全般の向上にあるという意外な結論を、グールドはメジャーリーグのデータを駆使して導き出している（野球は数値化されたデータの種類が多いスポーツなので、このように仮説を立ててそれを論証するという論理構成に向いているようである）。

これだけでも、十分驚かされるが、さらに四割打者消滅の謎を援用して進化の歴史を読み解こうとする奇抜な発想にはさらに驚かされる。ここまで書くと、両者がどう結びつくのか興味は尽きないであろうが、そこはグールドの本を手に取って、彼の遊び心溢《あふ》れる妙技を是非とも堪能していただきたいと思う。

その際、著者の考えに疑問が湧き、異論、反論をぶつけたくなることがあるかもしれない。それでいいのである。

先ほど触れたように、生物進化の研究は過去の史料を手掛かりとした歴史学的な色合いをもつ分野であるため、同じ自然科学の中でも、実験精度が高く、論理構成が厳格な物理学や化学とは性格が異なるところがある。そのぶん、専門家の間でも解釈にある程度の幅が生じてくる。

そうした比較学問論の視点で捉えても、ここで紹介したグールドの本は興味深い作品といえる。

COLUMN

ネアンデルタール人と現生人類

一九九一年、日本、アメリカ、イギリス、フランス、ドイツ、中国の国際共同研究として始まった「ヒトゲノム」（人間の全遺伝情報）の解読作業は、二〇〇三年――DNAの二重らせん構造解明からちょうど五〇年後――ついに完了した。

それから七年が経った二〇一〇年、マックス・プランク研究所（ドイツ）のスヴァンテ・ペーボが主導する研究チームが科学誌『サイエンス』に衝撃的な論文を発表した。彼らはネアンデルタール人（広く西ユーラシアに生息し、およそ三万年前に絶滅した旧人）のゲノムを解読したところ、アフリカ系以外の現生人類（日本人も含めて）の遺伝子のおよそ二～五パーセントはネアンデルタール人に由来するという分析結果を得たのである。ペーボ自身が綴《つづ》った『ネアンデルタール人は私たちと交配した』（野中香方子訳、文藝春秋）に、我々のルーツに関するこのわくわくするような研究の道筋が活写されている。

原書のタイトルは「ネアンデルタール人―失われたゲノムを求めて」（"Neanderthal Man: In Search of Lost Genomes"）であるが、邦訳の書名はその内容を直截《ちょくさい》に表現しており、いささかショッキングであるがわかりやすい。

数パーセントとはいえ、両者に遺伝子が共有されている事実から、ペーボは次のようなシナリオを描いている。

アフリカで生まれたネアンデルタール人の祖先がやがてアフリカを出て、数十万年前にネアンデルタール人へと進化する。一方、アフリカに残った集団はおよそ二〇万年前、現生人類へと進化し、その中の一部のグループがアフリカを去り、西ユーラシアにいたネアンデルタール人と遭遇した。そこで両者が交配したのであろうというわけである（アフリカ系の人々の遺伝子にネアンデルタール人との共通部分がないのは、彼らの祖先はネアンデルタール人と出会う機会がなかったからである）。

こうした人類進化の大きな発見が成された背景には、なんといっても遺伝子の解析技術の急速な進歩があった。化石の形態や発掘される石器などの道具をいくら調べても、交配の事実まではとてもたどりつけなかったであろう（なお、こうした技術が確立されていたとしたら、ピルトダウン人の偽造などすぐにばれてしまったはずである）。

ところで、ペーボらのチームが遺伝子の解析に用いたのは、「ＰＣＲ法」（ポリメラーゼ連鎖反応法）と呼ばれる斬新な技術である。これはアメリカのマリスが発見したＤＮＡの微量の断片を増幅させる方法で、一九九三年、マリスはこの業績によってノーベル化学賞を受賞している。ヒトゲノム解読においても、ＰＣＲ法は重要な役割を果たしていた。

余談になるが、マリスは一九九八年、自伝を著しているが、これがまたすこぶる面白い。邦訳のタイトルは『マリス博士の奇想天外な人生』（福岡伸一訳、ハヤカワ文庫ＮＦ）となっているが、書名のとおり、著者の数々の奇行がいささか露悪的に語られている。それでも、読んでいて少しも不快に感じないところが不思議である。いたずら小僧がそのまま大人になったようなマリス博士の行動には思わず笑ってしまうほどである。

マリスは自伝の中でこう書いている。「科学とは楽しみながらやることだとずっと信じてきた。PCRの発明も、子供の頃、サウスカロライナの田舎町でやっていたことのほんの延長線上にあるにすぎない」。この特異なキャラクターのノーベル賞科学者にとって、人生を楽しむという点においては遊びも研究も違いはなかったのであろう。

さて、ペーボの本に話を戻すと、彼は一九八六年、ニューヨークで開かれた定量生物学のシンポジウムでマリスのPCR法に関する講演を聴いたときの感動を同書の中で次のように語っている。

PCRは、バクテリアを用いるめんどうなクローニングに取って代わる、まさにブレークスルーと呼ぶべき発明であり、古代のDNAの研究に役立ちそうだとすぐにひらめいた。と言うのも、それを使えば、DNAが少ししか残っていなくても、狙ったセグメント（配列の一部）を選択的に増幅できるからだ。

ペーボの言葉はニュートンの「遠くを見ることができたのは、巨人の肩（先人たちの業績）に乗ったからである」という有名な言葉を想起させる。ワトソンとクリックによるDNAの構造解明とその上に立ったマリスのPCR法の開発があったからこそ、ペーボはそうした巨人の肩に乗って、数万年前、ネアンデルタール人と現生人類の混血が生まれたことを突き止めたのである。そして、ネアンデルタール人のDNAを共有しながら、我々の祖先は世界各地に広がっていったわけである。

先ほど、古人類学の発展は、自分たちのルーツを知りたいという人間の根源的な渇望に基づいていると書いたが、ペーボの本を読むとその思いをさらに強くする。同時に、そこから数万年前の西ユーラシアで出会った人類の異なる種の集団がどのように交流し、共存し、互いに文化の伝承をし合ったのだろうかというロマン溢《あふ》れる疑問が湧いてくる。

物理学や天文学、化学など、いわゆる科学の主流を成す分野に比べ、古生物学や古人類学は歴史の浅い〝新参者〟である。それだけに、テクノロジーの急激な進歩により、分析手法が格段に向上した二一世紀、これからもこの分野には科学史に刻まれる、驚くような発見が続くものと期待される。

著者紹介
小山 慶太（こやま・けいた）
1948年生まれ。1971年早稲田大学理工学部卒業。現在、早稲田大学名誉教授。理学博士。科学史家。著書に『ノーベル賞でたどる物理の歴史』（丸善出版）、『〈どんでん返し〉の科学史』『科学史人物事典』『科学史年表』（以上、中公新書）、『光と電磁気』『光と重力』（以上、講談社ブルーバックス）、『漱石先生の手紙が教えてくれたこと』『ノーベル賞でつかむ現代科学』（以上、岩波ジュニア新書）、『漱石、近代科学と出会う』『ノーベル賞でたどるアインシュタインの贈物』（以上、NHK出版）、『物理学史』（裳華房）他多数。

35の名著でたどる科学史
——科学者はいかに世界を綴ったか

平成31年2月25日　発　行

著作者　小　山　慶　太

発行者　池　田　和　博

発行所　丸善出版株式会社
〒101-0051 東京都千代田区神田神保町二丁目17番
編集：電話(03)3512-3261／FAX (03)3512-3272
営業：電話(03)3512-3256／FAX (03)3512-3270
https://www.maruzen-publishing.co.jp

組版印刷・精文堂印刷株式会社／製本・株式会社 星共社

ISBN 978-4-621-30370-2　C 0040　Printed in Japan